#수학기본서
#리더공부비법
#한권으로수학마스터
#학원가입소문난문제집

수학리더
기본

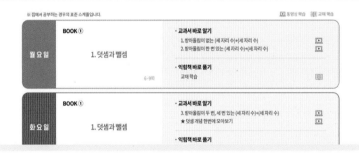
Chunjae Makes Chunjae

▶

기획총괄	박금옥
편집개발	윤경옥, 박초아, 조은영, 김연정, 김수정, 임희정, 한인숙, 이혜지, 최민주
디자인총괄	김희정
표지디자인	윤순미, 박민정, 이수민
내지디자인	박희춘
제작	황성진, 조규영

발행일	2023년 8월 15일 3판 2024년 9월 1일 2쇄
발행인	(주)천재교육
주소	서울시 금천구 가산로9길 54
신고번호	제2001-000018호
고객센터	1577-0902
교재 구입 문의	1522-5566

수학 리더 기본 1-1

BOOK 1

지피지기 차례

BOOK ❶ 구성과 특징

지피지기

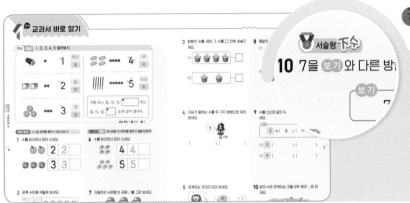

🧨 쉬운 문장제 문제를 식을 쓰거나,
단계별로 풀면서 서술형의 기본을 익혀~

교과서 바로 알기

왼쪽 확인 문제를 먼저 풀어 본 후, 개념을
상기하면서 오른쪽 한번 더! 확인 문제를
반복해서 풀어 봐!

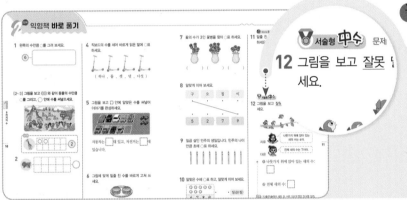

🧨 중상 수준의 문제를 단계별로 풀면서
수학 실력을 키워!

익힘책 바로 풀기

앞에서 배운 교과서 개념과 연계된 익힘책
문제를 풀어 봐!

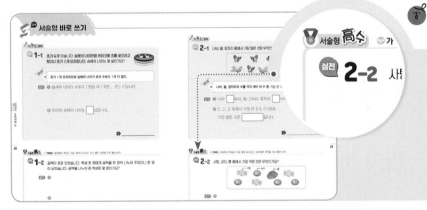

🧨 문제의 핵심 키워드에 표시한 후 풀이를 써 보며
서술형 문제에 대한 자신감을 가져~

서술형 바로 쓰기

실력 문제에서 키워드를 찾아내고
풀이를 따라 쓰면서 서술형 문제를 풀어 봐!

 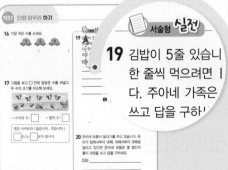

🧨 단원을 마무리하면서 실전 서술형 문제를
풀어 봐~

단원 마무리 하기

자주 출제되는 문제를 풀면서 한 단원을
마무리해 봐!

BOOK ❷
구성과 특징

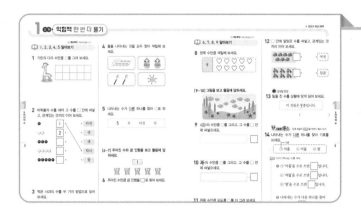

익힘책 한 번 더 풀기

익힘책 기본 문제와 응용 문제를 수록하여
실력을 쑥쑥!

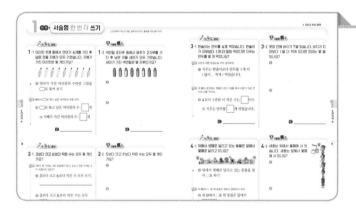

서술형 한 번 더 쓰기

실력 문제를 단계별로 풀면서 수학적 문제
해결력을 기르고, 유사 문제의 풀이를 직접
써 보며 서술형 완벽 마스터!

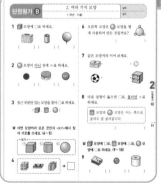

단원평가 A · B

단원평가 A형, B형으로 학교 단원평가에
완벽하게 대비해~

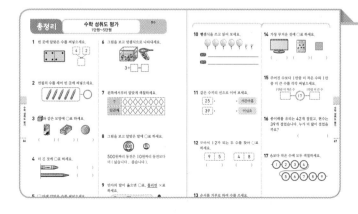

수학 성취도 평가

과정을 모두 끝낸 후에 풀어 보고 내 실력을
확인해 봐!

9까지의 수

수학 처방전

큐알 코드를 찍으면 개념 학습 영상도 보고, 수학 게임도 할 수 있어요.

핵심 **개념** 1, 2, 3, 4, 5 알아보기

 • ①↓1 하나 / 일

 •• ①2 둘 / 이

 ••• ①3 셋 / 삼

 •••• ①4①② 넷 / 사

||||| ••••• ①②5 다섯 / 오

수를 하나, 둘, 셋, 넷, [❶] 또는
일, 이, 삼, [❷], 오와 같이 셉니다.

확민 문제 1~5번 문제를 풀면서 개념 익히기!

1 수를 읽으면서 따라 쓰세요.

 2 2

 3 3

2 왼쪽 수만큼 색칠해 보세요.

(1) 1 ◯ ◯ ◯ ◯ ◯

(2) 5 ◯ ◯ ◯ ◯ ◯

한번 더! 확민 6~10번 유사문제를 풀면서 개념 다지기!

6 수를 읽으면서 따라 쓰세요.

 4 4

 5 5

7 자동차의 수만큼 빈 곳에 ◯를 그려 보세요.

3 화분의 수를 세어 그 수를 □ 안에 써넣으세요.

(1)

(2)

4 지유가 말하는 수를 두 가지 방법으로 읽어 보세요.

(   ), (   )

5 관계있는 것끼리 이어 보세요.

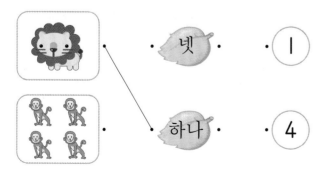

8 콩알의 수를 세어 그 수를 쓰세요.

(1)

(2)

9 수를 보기와 같이 두 가지 방법으로 읽어 보세요.

보기

2 → (둘), (이)

(1) 3 (   ), (   )

(2) 4 (   ), (   )

10 닭의 수와 관계있는 것을 모두 찾아 ○표 하세요.

| 둘 | 다섯 | 2 | 넷 |

핵심 개념 6, 7, 8, 9 알아보기

 ●●●●● 6 여섯 / 육

 ●●●●● ●● 7 일곱 / 칠

●●●●● ●●● 8 여덟 / 팔

●●●●● ●●●● 9 아홉 / 구

수를 셀 때 하나, 둘, 셋, [넷], 다섯, 여섯, 일곱, 여덟, 아홉 또는 일, 이, 삼, 사, 오, 육, 칠, 팔, [구]와 같이 셉니다.

상황에 따라 수를 다르게 읽어야 해.

예
┌ 사과가 **6**개 있습니다. ➡ 여섯 개
└ 오늘은 **6**일입니다. ➡ 육 일

┌ 내 나이는 **8**살입니다. ➡ 여덟 살
└ 우리 반은 **8**반입니다. ➡ 팔 반

정답 확인 | ❶ 넷 ❷ 구

9까지의 수

8

확인 문제 1~5번 문제를 풀면서 개념 익히기!

1 수를 읽으면서 따라 쓰세요.

 | 6 | 6 |

 | 7 | 7 |

2 가재의 수를 세어 알맞은 수에 ○표 하세요.

(6 , 7 , 8 , 9)

한번 더! 확인 6~10번 유사문제를 풀면서 **개념 다지기!**

6 수를 읽으면서 따라 쓰세요.

 | 8 | 8 |

 | 9 | 9 |

7 물감의 수를 세어 알맞은 수에 ○표 하세요.

(6 , 7 , 8 , 9)

3 수를 세어 그 수를 □ 안에 써넣으세요.

(1)

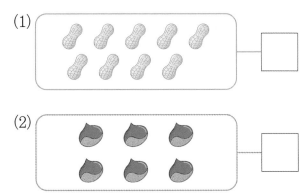

(2)

8 개구리의 수를 세어 쓰세요.

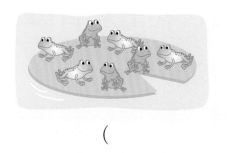

(   )

4 도넛의 수가 **7**인 것에 ○표 하세요.

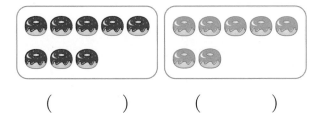

(   )   (   )

9 관계있는 것끼리 이어 보세요.

8   9

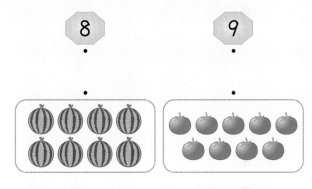

5 수를 보기와 같이 두 가지 방법으로 읽어 보세요.

보기	
9	
아홉	구

6	

서술형 下수

10 **7**을 보기와 다른 방법으로 읽어 보세요.

보기

7 ➜ 칠

풀이

7을 칠 또는 [   ](이)라고 읽으므로

다른 방법으로 읽으면 [   ]입니다.

답 _____

1 왼쪽의 수만큼 ○를 그려 보세요.

4 킥보드의 수를 세어 바르게 읽은 말에 ○표 하세요.

(하나 , 둘 , 셋 , 넷 , 다섯)

[2~3] 그림을 보고 보기 와 같이 동물의 수만큼 ○를 그리고, ◯ 안에 수를 써넣으세요.

5 그림을 보고 □ 안에 알맞은 수를 써넣어 이야기를 완성하세요.

자동차는 □ 대 있고, 자전거는 □ 대 있습니다.

2

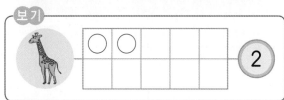

6 그림에 맞게 밑줄 친 수를 바르게 고쳐 쓰세요.

접시에 햄버거가 6개 있습니다.

↓

□

3

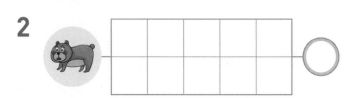

7 꽃의 수가 3인 꽃병을 찾아 ○표 하세요.

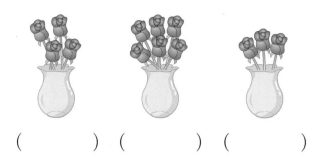

(   ) (   ) (   )

8 알맞게 이어 보세요.

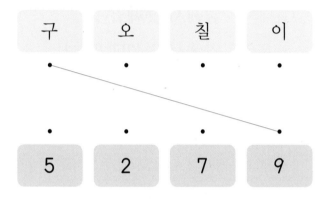

9 일곱 살인 민주의 생일입니다. 민주의 나이만큼 초에 ○표 하세요.

10 알맞은 수에 ○표 하고, 알맞게 이어 보세요.

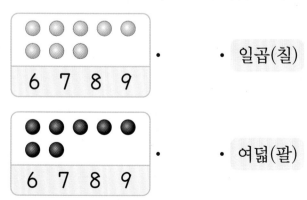

의사소통

11 밑줄 친 수를 상황에 맞게 읽은 것에 ○표 하세요.

바구니에 달걀이 <u>5</u>개 있습니다.

오	다섯
( )	( )

서술형 中수 문제 해결의 **전략** 을 보면서 풀어 보자.

12 그림을 보고 <u>잘못</u> 말한 친구의 이름을 쓰세요.

지유: 나뭇가지 위에 앉아 있는 새의 수는 4야.

다은: 전체 새의 수는 7이야.

❶ 나뭇가지 위에 앉아 있는 새의 수:

❷ 전체 새의 수:

전략 위 ❶과 ❷에서 세어 본 수와 다르게 말한 친구를 찾자.

❸ 잘못 말한 친구의 이름:

답 _____

BOOK❷ 2~3쪽에서 한 번 더 풀기!

1

9까지의 수

11

핵심 개념 수로 순서를 나타내기

1. 순서 알아보기

순서는 **첫째, 둘째, 셋째, ...**로 나타내.

(1) **지영이는 첫째**에 서 있습니다.
첫째를 수로 나타내면 Ⅰ입니다.

(2) **여섯째는 은우**입니다.
여섯째를 수로 나타내면 ❶ □ 입니다.

2. 기준을 넣어 순서 말하기

(1) 태희는 **앞**에서 **셋째**입니다.

(2) 은우는 **앞**에서 **여섯째**입니다.

(3) 준호는 **뒤**에서 ❷ □ 째입니다.

앞과 뒤, 위와 아래, 왼쪽과 오른쪽
등의 기준을 넣어 순서를 말할 수 있어요.

정답 확인 | ❶ 6 ❷ 둘

확인 문제 1~5번 문제를 풀면서 개념 익히기!

1 둘째 칸에 색칠해 보세요.

첫째

2 순서에 맞게 □ 안에 수를 써넣으세요.

첫째	둘째	셋째	넷째	다섯째
Ⅰ	2	□	□	□

한번 더! 확인 6~10번 유사문제를 풀면서 **개념 다지기!**

6 여섯째 병아리에 ○표 하세요.

첫째

7 관계있는 것끼리 이어 보세요.

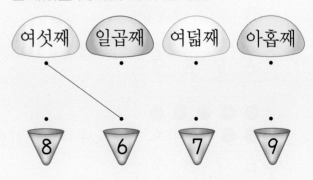

여섯째 일곱째 여덟째 아홉째

8 6 7 9

12
1
9까지의 수

3 순서에 알맞게 이어 보세요.

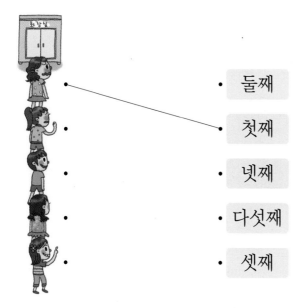

· 둘째

· 첫째

· 넷째

· 다섯째

· 셋째

8 순서에 알맞게 이어 보세요.

4 오른쪽에서 넷째에 ○표 하세요.

9 왼쪽에서부터 세어 알맞게 색칠해 보세요.

5 하늘색 서랍은 아래에서 몇째인가요?

(1) 하늘색 서랍을 찾아 기호를 쓰세요.

(   )

(2) 하늘색 서랍은 아래에서 몇째인가요?

(   )

서술형 下수

10 흰색 책은 왼쪽에서 몇째인가요?

풀이

흰색 책을 찾아 기호를 쓰면 ☐ 이므로

흰색 책은 왼쪽에서 ☐ 입니다.

답 _____

핵심 개념 **수의 순서 알아보기**

1. l부터 9까지의 수를 순서대로 쓰기

2. 9부터 수의 순서를 거꾸로 세어 l까지 쓰기

정답 확인 | ❶ 4 ❷ 1

확인 문제 1~6번 문제를 풀면서 개념 익히기!

1 수를 순서대로 썼으면 ○표, 아니면 ×표 하세요.

(1)
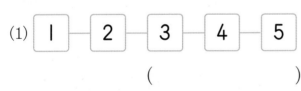
(   )

(2)
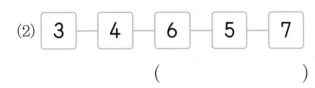
(   )

2 수를 순서대로 이어 보세요.

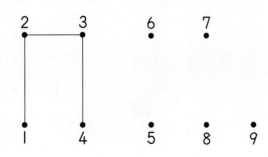

한번 더! 확인 7~12번 유사문제를 풀면서 개념 다지기!

7 수를 순서대로 쓰세요.

(1)

(2)

8 수를 순서대로 이어 보세요.

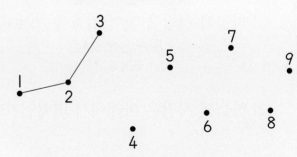

3 수를 순서대로 쓰세요.

(1)

(2)

9 2부터 6까지의 수를 순서대로 쓰세요.

4 수를 순서대로 이어 보세요.

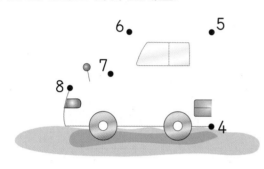

10 수를 순서대로 이어 보세요.

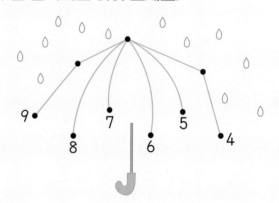

5 순서를 거꾸로 세어 수를 쓰세요.

11 순서를 거꾸로 세어 수를 쓰세요.

6 지호가 말한대로 수를 쓰세요.

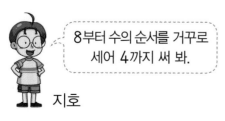

8부터 수의 순서를 거꾸로 세어 4까지 써 봐.

지호

(   )

12 9부터 수의 순서를 거꾸로 세어 6까지 쓰세요.

(   )

9까지의 수

15

[1~2] 수의 순서를 보고 물음에 답하세요.

1 3 다음의 수를 쓰세요.

( )

2 ㉠에 알맞은 수를 쓰세요.

( )

3 일곱째에 있는 색종이를 찾아 기호를 쓰세요.

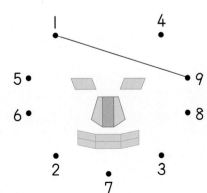

( )

4 수를 순서대로 이어 보세요.

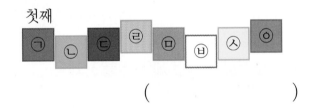

5 화분에 쓰여 있는 수의 순서대로 놓으려고 합니다. 알맞게 이어 보세요.

6 보기 와 같이 색칠해 보세요.

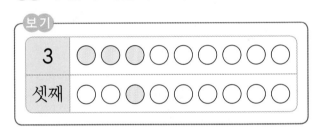

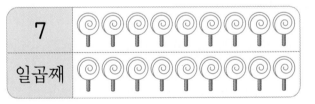

7 준호는 왼쪽에서 여섯째에 서 있습니다. 준호를 찾아 ○표 하세요.

8 그림을 보고 알맞게 이어 보세요.

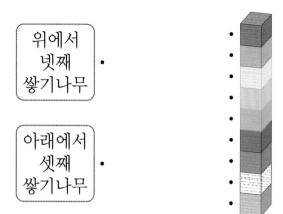

9 순서를 거꾸로 하여 수를 쓰세요.

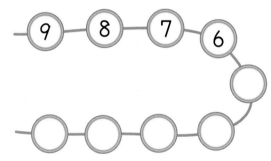

🔵 실생활 연결

10 7명의 어린이들이 한 줄로 서 있습니다. 물음에 답하세요.

(1) 지희는 앞에서 몇째인가요?

( )

(2) 지희는 뒤에서 몇째인가요?

( )

11 사물함의 번호를 수의 순서대로 쓰세요.

🏅 서술형 中수 문제 해결의 전략 을 보면서 풀어 보자.

12 보기 는 동물의 순서에 맞게 수를 쓴 것입니다. 순서의 방향을 찾아 ㉠에 알맞은 수를 구하세요.

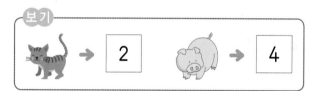

❶ 보기 는 동물의 순서를 (왼 , 오른)쪽에서부터 센 것입니다.

전략 위 ❶에서 센 방향에 맞게 순서를 세어 수로 나타내자.

❷ 소는 왼쪽에서 ☐ 째입니다.

➡ ㉠에 알맞은 수: ☐

답 _____

1

9까지의 수

17

BOOK❷ 4~5쪽에서 한 번 더 풀기!

9 까지의 수

핵심 개념 | ㅣ만큼 더 큰 수와 ㅣ만큼 더 작은 수

1. ㅣ만큼 더 큰 수와 ㅣ만큼 더 작은 수 알아보기

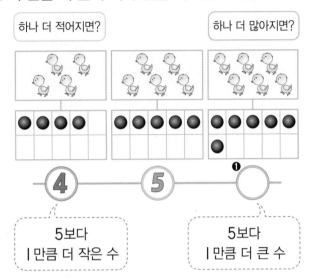

수를 순서대로 세었을 때

바로 뒤의 수가 1만큼 더 큰 수이고

바로 앞의 수가 1만큼 더 작은 수입니다.

참고 양의 비교를 할 때는 '많다', '적다'를, 수의 크기를 비교할 때는 '크다', '작다'를 사용합니다.

2. 연결 모형으로 알아보기

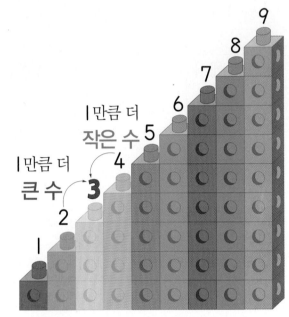

┌ 3은 2보다 ㅣ만큼 더 **큰** 수입니다.
└ ❷[ ]은 4보다 ㅣ만큼 더 **작은** 수입니다.

정답 확인 | ❶ 6 ❷ 3

확인 문제 | 1~4번 문제를 풀면서 개념 익히기!

1 그림을 보고 물음에 답하세요.

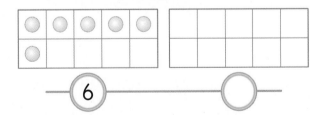

(1) 그림보다 하나 더 많게 오른쪽에 ○를 그리고, 그린 ○의 수를 ○에 써넣으세요.

(2) □ 안에 알맞은 수를 써넣으세요.

6보다 ㅣ만큼 더 큰 수는 [ ]입니다.

한번 더! 확인 | 5~8번 유사문제를 풀면서 개념 다지기!

5 그림을 보고 물음에 답하세요.

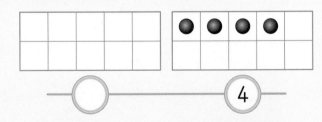

(1) 그림보다 하나 더 적게 왼쪽에 ○를 그리고, 그린 ○의 수를 ○에 써넣으세요.

(2) 4보다 ㅣ만큼 더 작은 수를 쓰세요.

(   )

2 빈칸에 알맞은 수를 써넣으세요.

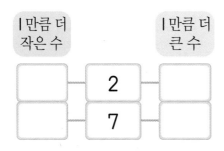

6 빈칸에 알맞은 수를 써넣으세요.

3 색칠한 수보다 ㅣ만큼 더 작은 수를 쓰세요.

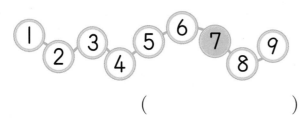

( )

7 다은이가 말한 수보다 ㅣ만큼 더 큰 수를 쓰세요.

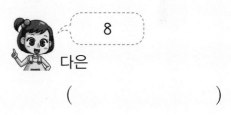

8

다은

( )

4 케이크의 수보다 ㅣ만큼 더 큰 수를 쓰세요.

(1) 케이크의 수를 세어 쓰세요.

( )

(2) 케이크의 수보다 ㅣ만큼 더 큰 수는 얼마인가요?

( )

서술형 下수

8 케이크의 수보다 ㅣ만큼 더 작은 수를 쓰세요.

풀이

케이크의 수를 세어 보면 여덟이므로 수로 쓰면 ☐ 입니다. 8보다 ㅣ만큼 더 작은 수는 ☐ 이므로 케이크의 수보다 ㅣ만큼 더 작은 수는 ☐ 입니다.

답

핵심 개념 0 알아보기

1. 아무것도 없는 것을 나타내는 수 알아보기

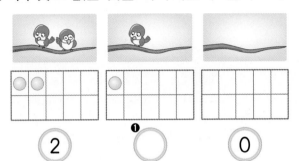

2   0

아무것도 없는 것을 **0**이라 쓰고 영이라고 읽습니다.

① **0**

2. 아무것도 없는 것을 수로 쓰기

(1)

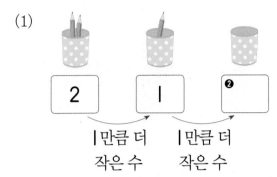

2   Ⅰ   ②

1만큼 더 작은 수   1만큼 더 작은 수

(2)

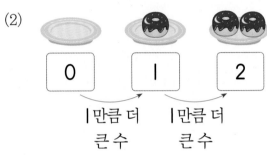

0   Ⅰ   2

1만큼 더 큰 수   1만큼 더 큰 수

정답 확인 | ❶ 1   ❷ 0

확민 문제) 1~5번 문제를 풀면서 개념 익히기!

1 0을 쓰고 읽어 보세요.

| 0 | 0 | | |

(   )

2 닭다리의 수를 세어 □ 안에 써넣으세요.

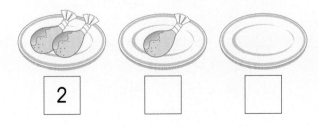

2   □   □

한번 더! 확민) 6~10번 유사문제를 풀면서 개념 다지기!

6 □ 안에 알맞은 수를 써넣으세요.

아무것도 없는 것을 □이라 씁니다.

7 꼬치에 꽂혀 있는 떡의 수를 세어 □ 안에 써넣으세요.

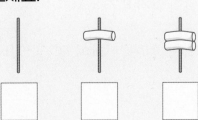

□   □   □

3 빈칸에 알맞은 수를 써넣으세요.

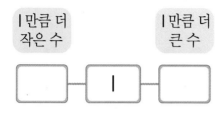

8 다음이 나타내는 수를 쓰고 읽어 보세요.

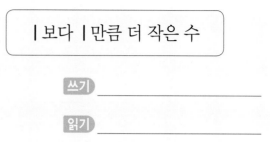

쓰기 _____

읽기 _____

4 펼친 손가락의 수를 세어 □ 안에 써넣으세요.

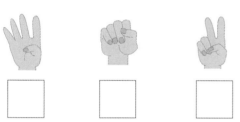

9 사탕의 수에 알맞게 이어 보세요.

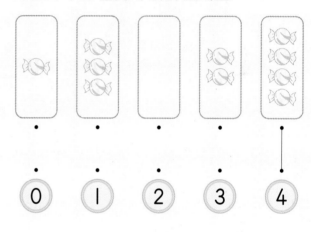

5 가방 안에는 아무것도 없고, 책상 위에는 가방 안보다 책이 Ⅰ권 더 많습니다. 책상 위에는 책이 **몇 권** 있는지 구하세요.

(1) 가방 안에는 책이 몇 권 있나요?

꼭 단위까지 따라 쓰세요.

(권   )

(2) 책상 위에는 책이 몇 권 있나요?

(권   )

 서술형

10 지유는 떡을 Ⅰ개 먹었고, 예리는 지유보다 떡을 Ⅰ개 더 적게 먹었습니다. 예리가 먹은 떡은 **몇 개**인가요?

풀이

지유가 먹은 떡은 ⬜ 개입니다.

예리가 지유보다 떡을 Ⅰ개 더 적게 먹었으므로 예리가 먹은 떡은 ⬜ 개입니다.

답 _____ 개

핵심 개념 **수의 크기 비교하기**

1. 많고 적은 것 알아보기

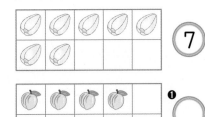

(1) ⬭는 ◔보다 **많습니다.**
7은 4보다 **큽니다.**
(2) ◔는 ⬭보다 적습니다.
4는 7보다 작습니다.

> 양을 비교할 때에는 '많다', '적다'를 사용하고, 수의 크기를 비교할 때에는 '크다', '작다'를 사용해.

2. 두 수의 크기 비교하기

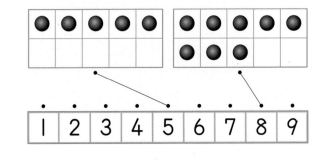

8은 5보다 큽니다.
5는 8보다 ❷[   ].

> 수를 순서대로 썼을 때 **뒤의 수가 앞의 수보다 큰 수**입니다.

정답 확인 | ❶ 4 ❷ 작습니다

1 까지의 수

9 까지의 수

확인 문제 1~5번 문제를 풀면서 개념 익히기!

1 그림을 보고 알맞은 말에 ○표 하세요.

🥕은 🍆보다 (많습니다 , 적습니다).
5는 6보다 (큽니다 , 작습니다).

2 그림을 보고 더 큰 수에 ○표 하세요.

2	🦐 🦐
5	🦀 🦀 🦀 🦀 🦀

한번 더! 확인 6~10번 유사문제를 풀면서 개념 다지기!

6 그림을 보고 알맞은 말에 ○표 하세요.

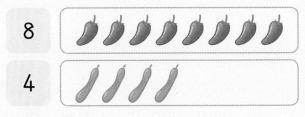

🌶는 🥒보다 (많습니다 , 적습니다).
8은 4보다 (큽니다 , 작습니다).

7 그림을 보고 더 작은 수에 △표 하세요.

7	🐟 🐟 🐟 🐟 🐟 🐟 🐟
6	🦀 🦀 🦀 🦀 🦀 🦀

3 수만큼 색칠하고, 더 작은 수를 쓰세요.

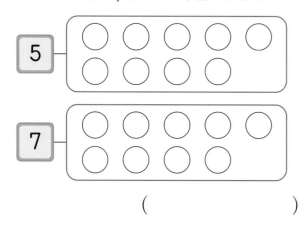

( )

8 수만큼 ○를 그리고, 더 큰 수를 쓰세요.

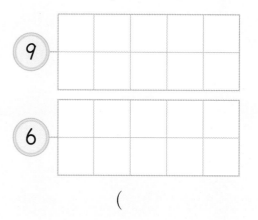

( )

4 더 큰 수를 쓰세요.

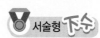

( )

9 더 작은 수에 △표 하세요.

(1)
0	4

(2)
8	7

5 귤을 주혜는 7개 먹었고, 유희는 4개 먹었습니다. 귤을 더 적게 먹은 사람의 이름을 쓰세요.

(1) 더 작은 수에 △표 하세요.

7	4
주혜	유희

(2) 귤을 더 적게 먹은 사람은 누구인가요?

( )

10 지우개를 경수는 3개 샀고, 성재는 2개 샀습니다. 지우개를 더 많이 산 사람의 이름을 쓰세요.

[풀이]

3과 2 중 더 큰 수는 ☐ 입니다.

따라서 지우개를 더 많이 산 사람은

☐ 입니다.

[답] _____

23

9까지의 수

1 그림을 보고 더 큰 수를 쓰세요.

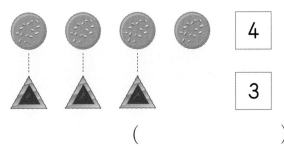

4

3

(   )

[2~3] 수의 순서를 보고 □ 안에 알맞은 수를 써넣으세요.

2 5보다 Ⅰ만큼 더 큰 수는 □ 입니다.

3 9보다 Ⅰ만큼 더 작은 수는 □ 입니다.

4 사과의 수를 세어 □ 안에 써넣으세요.

□   □   □

5 수의 순서를 보고 빈 곳에 알맞은 수를 써 넣으세요.

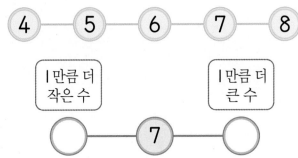

6 귤의 수보다 Ⅰ만큼 더 작은 수에 △표 하세요.

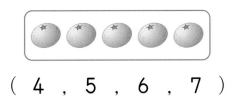

(4 , 5 , 6 , 7)

7 더 큰 수에 ○표 하세요.

| 9 | 8 |

8 더 작은 수에 △표 하세요.

| 2 | 5 |

9 딸기의 수가 8보다 1만큼 더 큰 수인 것에 ○표 하세요.

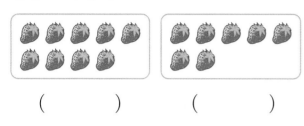

(   )   (   )

10 그림의 수를 세어 그 수를 빈칸에 써넣고, 더 작은 수에 △표 하세요.

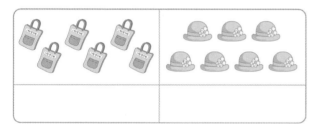

11 무당벌레의 수보다 1만큼 더 작은 수만큼 색칠하고, 색칠한 수를 쓰세요.

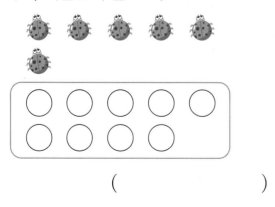

(   )

🔵 **실생활 연결**

12 주차장에 있던 자동차가 모두 나갔습니다. 주차장에 남아 있는 자동차의 수를 쓰세요.

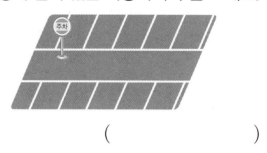

(   )

13 빈칸에 알맞은 수를 써넣으세요.

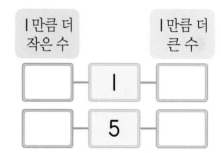

🔻 서술형 **中수**   문제 해결의 **전략** 을 보면서 풀어 보자.

14 공책을 지호는 7권 가지고 있고, 혜지는 지호보다 1권 더 적게 가지고 있습니다. 혜지가 가지고 있는 공책은 몇 권인가요?

전략) 혜지는 7권보다 1권 더 적게 가지고 있다.

❶ 7보다 1만큼 더 작은 수는 ☐ 입니다.

❷ 따라서 혜지가 가지고 있는 공책은 ☐ 권입니다.

답 _____

15 보기와 같은 방법으로 색칠해 보세요.

보기

| 1만큼 더 작은 수 | 1만큼 더 큰 수 |

① ② ③ ④ ⑤ ⑥ ⑦ ⑧ ⑨

(1)

② ④ ⑥ ⑧
① ③ ⑤ ⑦ ⑨

(2)

② ④ ⑥ ⑧
① ③ ⑤ ⑦ ⑨

🔵 실생활 연결

16 대화를 읽고 지호가 몇 층에 사는지 구하세요.

난 8층에 사는데, 너는?

난 너보다 한 층 아래에 살아.

도윤   지호

(출처: ⓒtwobee/shutterstock)

(   )

17 더 작은 수를 말한 사람의 이름을 쓰세요.

7   9

하린   지호

(   )

[18~19] 설명하는 수에 모두 색칠해 보세요.

18

| 5보다 큰 수 |

① ② ③ ④ ⑤ ⑥ ⑦

19

| 4보다 작은 수 |

① ② ③ ④ ⑤ ⑥ ⑦

20 두 수의 크기를 비교해 보세요.

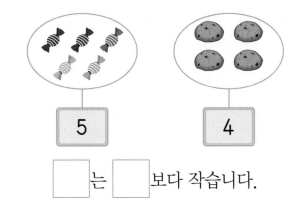

5   4

☐ 는 ☐ 보다 작습니다.

21 두 수의 크기 비교를 바르게 한 것의 기호를 쓰세요.

ㄱ 4는 6보다 큽니다.
ㄴ 3은 8보다 작습니다.

(   )

[22~23] 수의 순서를 보고 □ 안에 알맞은 수를 써넣으세요.

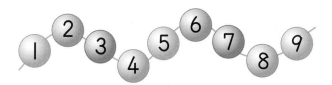

22 7은 □ 보다 1만큼 더 작은 수입니다.

23 5는 □ 보다 1만큼 더 큰 수입니다.

24 1부터 9까지의 수 중에서 5보다 작은 수는 몇 개인가요?

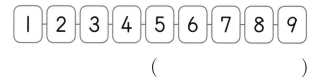

( )

추론

25 유진이가 고른 3장의 수 카드입니다. 고른 카드를 작은 수부터 쓰세요.

( )

26 그림을 보고 수를 세어 □ 안에 알맞은 수를 써넣으세요.

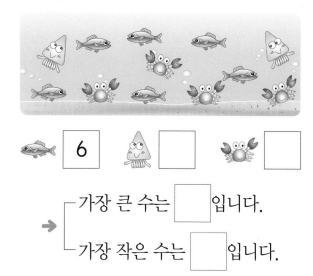

🐟 6   🦑 □   🦀 □

➜ ┌ 가장 큰 수는 □ 입니다.

└ 가장 작은 수는 □ 입니다.

서술형 中수 문제 해결의 전략 을 보면서 풀어 보자.

27 경호네 가족 사진입니다. 곧 동생 한 명이 태어나면 경호네 가족은 몇 명이 되나요?

전략 가족 사진에 있는 사람 수를 구하자.

❶ 현재 경호네 가족은 □ 명입니다.

전략 위 ❶에서 구한 가족 수보다 1만큼 더 큰 수를 구하자.

❷ 따라서 곧 동생 한 명이 태어나면 경호네 가족은 □ 명이 됩니다.

답

BOOK❷ 6~7쪽에서 한 번 더 풀기!

3 _{단계} 서술형 바로 쓰기

키워드 문제

연습 1-1 초가 4개 있습니다. 승혜의 나이만큼 케이크에 초를 꽂으려고 했더니 초가 I개 모자랍니다. 승혜의 나이는 몇 살인가요?

Skill 초가 I개 모자라므로 승혜의 나이가 초의 수보다 I만큼 더 큰 수이다.

풀이 ❶ 승혜의 나이는 4보다 I만큼 더 (작은 , 큰) 수입니다.

❷ 따라서 승혜의 나이는 ☐ 살입니다.

답 _____

서술형 高수 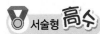 **가이드** | 문제에서 핵심이 되는 말에 표시하고, 위의 풀이 과정을 따라 풀어 보자.

실전 1-2 공책이 8권 있었습니다. 학생 한 명에게 공책을 한 권씩 나누어 주었더니 한 권이 남았습니다. 공책을 나누어 준 학생은 몇 명인가요?

풀이 ❶

❷

답 _____

키워드 문제

연습 2-1 나비, 벌, 잠자리 중에서 가장 많은 것은 무엇인가요?

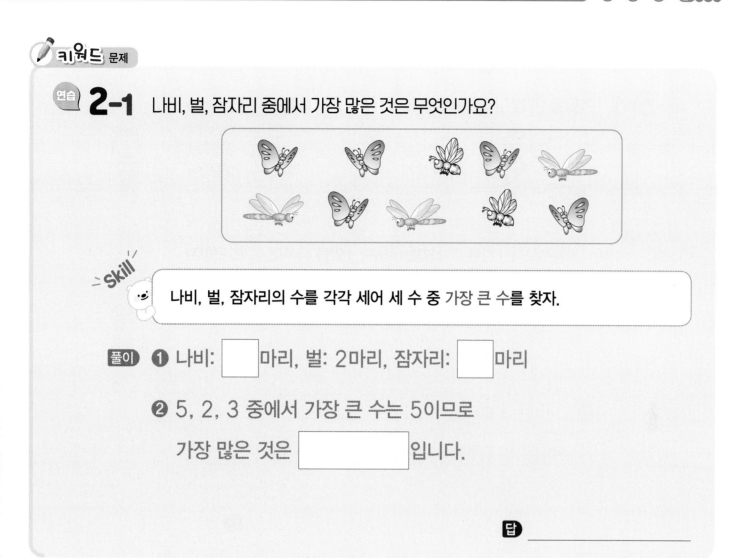

Skill 나비, 벌, 잠자리의 수를 각각 세어 세 수 중 가장 큰 수를 찾자.

풀이 ❶ 나비: ☐마리, 벌: 2마리, 잠자리: ☐마리

❷ 5, 2, 3 중에서 가장 큰 수는 5이므로

가장 많은 것은 ☐입니다.

답 _____

9 까지의 수

서술형 高手

 **가이드** | 문제에서 핵심이 되는 말에 표시하고, 위의 풀이 과정을 따라 풀어 보자.

실전 2-2 사탕, 과자, 빵 중에서 가장 적은 것은 무엇인가요?

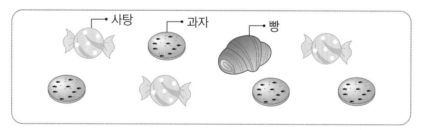

풀이 ❶

❷

답 _____

3 단계 서술형 **바로 쓰기**

✏️ **키워드** 문제

연습 3-1 연필을 더 많이 산 사람은 누구인가요?

다은

> 나는 연필을 4자루 샀어.

> 나는 연필을 6자루보다 1자루 더 적게 샀어.

도윤

Skill

6자루보다 1자루 더 적게는 6보다 1만큼 더 작은 수로 **구하자**.

풀이 ❶ 6보다 1만큼 더 작은 수는 ☐ 이므로 도윤이가 산 연필은

☐ 자루입니다.

↓

❷ ☐ 는 4보다 큰 수이므로

연필을 더 많이 산 사람은 ☐ 입니다.

답 _____

🖊️ **서술형 高수** 💬 **가이드** | 문제에서 핵심이 되는 말에 표시하고, 위의 풀이 과정을 따라 풀어 보자.

실전 3-2 젤리를 더 적게 먹은 사람은 누구인가요?

지호

> 나는 젤리를 3개보다 1개 더 많이 먹었어.

> 나는 젤리를 5개 먹었어.

지유

풀이 ❶

❷

답 _____

1

9까지의 수

🖊️ **키워드** 문제

연습 **4-1** 학생들이 놀이 공원에 입장하기 위해 한 줄로 서 있습니다. 경희는 앞에서부터 셋째, 뒤에서부터 넷째에 서 있습니다. 한 줄로 서 있는 학생은 몇 명인가요?

Skill 🐻 앞에서부터 셋째까지 ○를 3개 그리고, 셋째에 그린 ○가 뒤에서부터 넷째가 되도록 ○를 더 그리자.

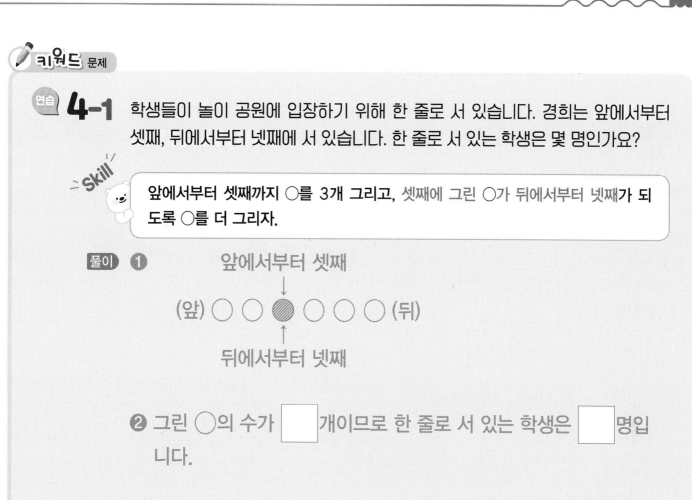

풀이 ❶
앞에서부터 셋째
↓
(앞) ○ ○ ◉ ○ ○ ○ (뒤)
↑
뒤에서부터 넷째

❷ 그린 ○의 수가 ☐ 개이므로 한 줄로 서 있는 학생은 ☐ 명입니다.

답 _____

🏅 **서술형 高수** 😊 **가이드** | 문제에서 핵심이 되는 말에 표시하고, 위의 풀이 과정을 따라 풀어 보자.

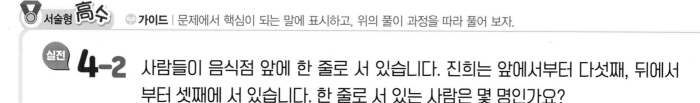

실전 **4-2** 사람들이 음식점 앞에 한 줄로 서 있습니다. 진희는 앞에서부터 다섯째, 뒤에서부터 셋째에 서 있습니다. 한 줄로 서 있는 사람은 몇 명인가요?

풀이 ❶

❷

답 _____

BOOK❷ 8~9쪽에서 한 번 더 풀기!

1
9까지의 수

1 수박의 수를 세어 알맞은 수에 ○표 하세요.

| 1 | 2 | 3 | 4 | 5 |

2 그림을 보고 □ 안에 알맞은 수나 말을 써넣으세요.

(1) 병아리는 모두 ☐ 마리입니다.

(2) 8은 ☐ 또는 여덟이라고 읽습니다.

3 왼쪽에서 넷째 어린이를 찾아 ○표 하세요.

4 고양이의 수를 세어 □ 안에 써넣으세요.

5 순서대로 수를 써넣으세요.

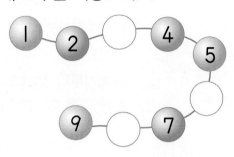

6 수를 보기 와 같이 두 가지 방법으로 읽어 보세요.

 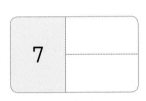

7 고추의 수보다 1만큼 더 작은 수를 빈 곳에 써넣으세요.

8 더 큰 수에 △표 하세요.

| 4 | 6 |

9 관계있는 것끼리 이어 보세요.

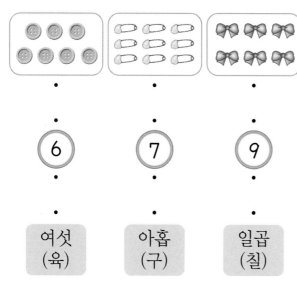

여섯
(육)

아홉
(구)

일곱
(칠)

10 보기 와 같이 색칠해 보세요.

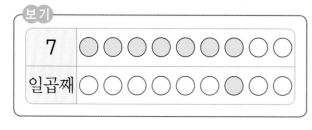

11 컵이 6개, 냄비가 7개 있습니다. 컵과 냄비 중에서 수가 더 적은 것은 어느 것인가요?

(   )

12 순서를 거꾸로 하여 수를 쓰세요.

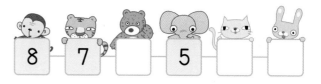

13 쓰러진 볼링 핀의 수와 관계있는 것을 모두 찾아 색칠해 보세요.

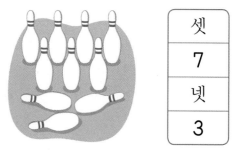

14 흰색 풍선이 첫째로 위로 올라가고 있습니다. 여섯째와 여덟째 사이에 올라가고 있는 풍선은 무슨 색인가요?

(   )

15 바구니에 달걀 1개가 있었는데 동생이 모두 먹었습니다. 바구니에 남아 있는 달걀은 몇 개인가요?

(   )

9까지의 수

16 가장 작은 수를 쓰세요.

( )

17 그림을 보고 □ 안에 알맞은 수를 써넣고, 두 수의 크기를 비교해 보세요.

• 나비의 수: □   • 벌의 수: □

벌은 나비보다 (많습니다 , 적습니다).

□ 은/는 □ 보다 큽니다.

18 □ 안에 알맞은 수가 더 큰 쪽에 ○표 하세요.

3은 □ 보다 1만큼
더 큰 수입니다.   ( )

2보다 1만큼 더 큰 수
는 □ 입니다.   ( )

서술형 실전

19 김밥이 5줄 있습니다. 주아네 가족이 각자 한 줄씩 먹으려면 1줄을 더 만들어야 합니다. 주아네 가족은 몇 명인지 풀이 과정을 쓰고 답을 구하세요.

풀이 _____

_____

_____

_____

답 _____

20 은아네 모둠이 달리기를 하고 있습니다. 은아가 앞에서부터 넷째, 뒤에서부터 넷째로 달리고 있다면 은아네 모둠은 몇 명인지 풀이 과정을 쓰고 답을 구하세요.

풀이 _____

_____

_____

_____

_____

답 _____

틀린 그림을 찾아라!

🔍 스마트폰으로 QR코드를 찍으면 정답이 보여요.

🍎 이가 많이 썩었네요. 단 음식을 먹고 나면 꼭 양치질해야 해요. 두 그림에서 서로 다른 3곳을 찾아 ○표 하세요.

 으아~ 이가 많이 썩었네. 몇 개나 썩은 거야?

썩은 이의 수만큼 색칠해 보자.

 썩은 이의 수 4를 두 가지 방법으로 읽으면 사 또는 ☐ (이)야.

2 여러 가지 모양

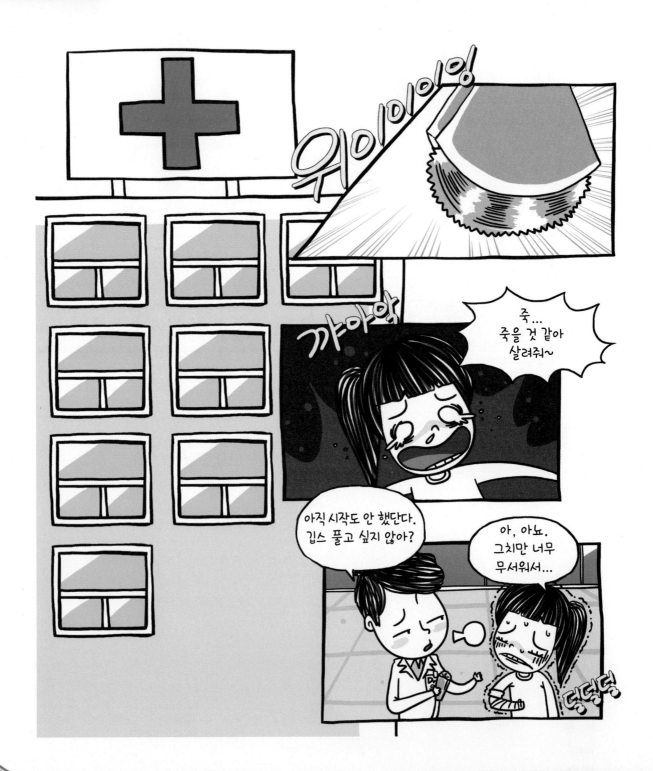

큐알 코드를 찍으면 개념 학습 영상도 보고,
수학 게임도 할 수 있어요.

핵심 개념 여러 가지 모양 찾기(1)

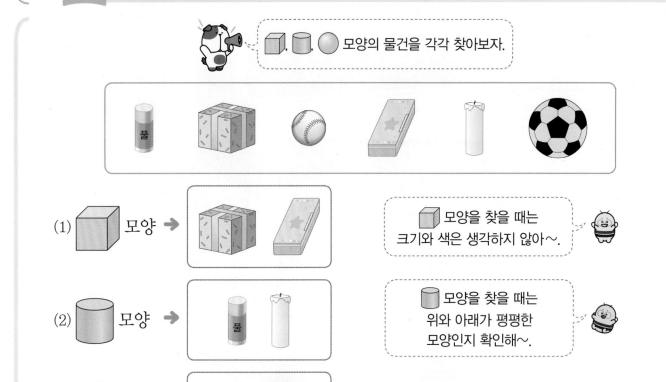

확인 문제 1~5번 문제를 풀면서 개념 익히기!

한번 더! 확인 6~10번 유사문제를 풀면서 개념 다지기!

[1~2] 그림을 보고 물음에 답하세요.

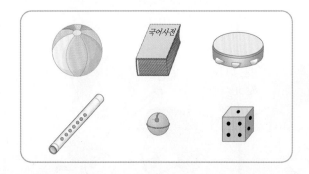

1 📦 모양을 모두 찾아 □표 하세요.

2 🗑 모양을 모두 찾아 △표 하세요.

[6~7] 그림을 보고 물음에 답하세요.

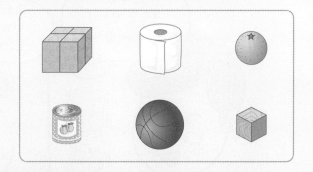

6 ⚪ 모양을 모두 찾아 ○표 하세요.

7 📦 모양을 모두 찾아 □표 하세요.

3 왼쪽과 같은 모양을 찾아 ◯표 하세요.

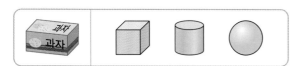

8 저금통을 보고 알맞은 모양을 찾아 ◯표 하세요.

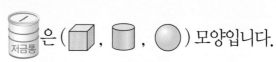은 (▨ , ▨ , ◯) 모양입니다.

4 ◯ 모양이 <u>아닌</u> 것을 찾아 ×표 하세요.

(   ) (   ) (   )

9 ▨ 모양이 <u>아닌</u> 것을 찾아 기호를 쓰세요.

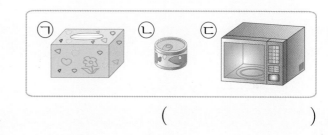

(   )

2

여러 가지 모양

39

5 ▨ 모양은 모두 **몇** 개인지 구하세요.

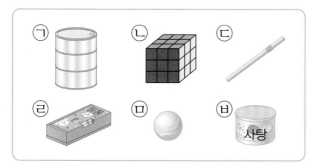

(1) ▨ 모양을 모두 찾아 기호를 쓰세요.

(   )

(2) ▨ 모양은 모두 몇 개인가요? _{꼭 단위까지 따라 쓰세요.}

(개)

 서술형 下수

10 ▨ 모양은 모두 **몇** 개인지 구하세요.

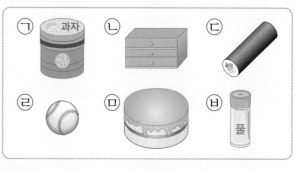

풀이

▨ 모양 찾기: _____

→ ▨ 모양의 수: ☐ 개

답 _____ 개

핵심 개념 여러 가지 모양 찾기(2)

1.  모양의 물건을 같은 모양끼리 모으기

2.  모양의 이름 정하기

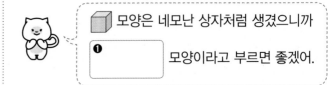

🐱  모양은 네모난 상자처럼 생겼으니까
❶ [   ] 모양이라고 부르면 좋겠어.

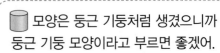 모양은 둥근 기둥처럼 생겼으니까 둥근 기둥 모양이라고 부르면 좋겠어. 🐻

🐱 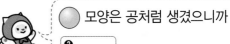 모양은 공처럼 생겼으니까
❷ [   ] 모양이라고 부르면 좋을 것 같아.

확인 문제 1~5번 문제를 풀면서 개념 익히기!

1 어떤 모양을 모은 것인지 알맞은 모양에 ○표 하세요.

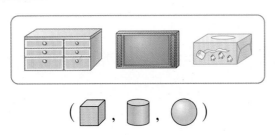

()

2  모양끼리 모으려고 합니다. 모아야 하는 물건을 모두 찾아 ○표 하세요.

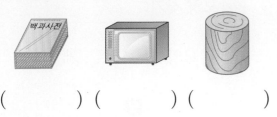

(   ) (   ) (   )

한번 더! 확인 6~10번 유사문제를 풀면서 **개념 다지기!**

6 어떤 모양을 모은 것인지 알맞은 모양에 ○표 하세요.

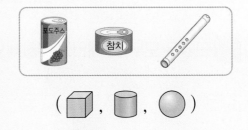

()

7 ⬤ 모양끼리 모으려고 합니다. 관계 없는 물건을 찾아 ×표 하세요.

(   ) (   ) (   )

3 모양의 이름으로 정하면 좋은 것으로 짝지은 것에 ○표 하세요.

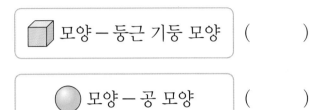

4 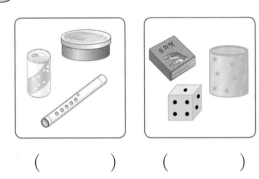 모양끼리 모은 것에 ○표 하세요.

(   )   (   )

5 같은 모양끼리 모으려고 합니다. 모양이 <u>다른</u> 물건을 찾아 기호를 쓰세요.

(1) 같은 모양끼리 모아 빈칸에 알맞은 기호를 써넣으세요.

모양	모양

(2) 모양이 <u>다른</u> 물건을 찾아 기호를 쓰세요.

(   )

8 모양의 이름으로 정하면 좋은 것을 찾아 이어 보세요.

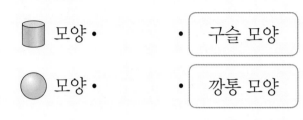

9 같은 모양끼리 모은 사람의 이름을 쓰세요.

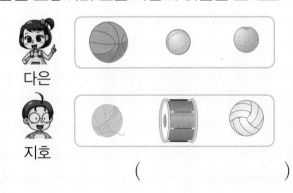

(   )

서술형 下수

10 같은 모양끼리 모으려고 합니다. 모양이 <u>다른</u> 물건을 찾아 기호를 쓰세요.

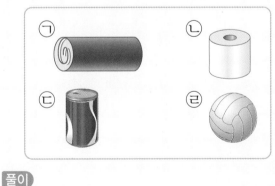

풀이

모양	모양

➡ 모양이 다른 물건의 기호: ☐

답 _____

[1~2] 왼쪽과 같은 모양에 ○표 하세요.

1

(   ) (   )

2

(   ) (   )

3 보기 는 같은 모양의 물건끼리 모은 것입니다. 모은 물건의 모양에 ○표 하세요.

보기

(, ,)

4 ⬤ 모양이 <u>아닌</u> 것을 찾아 기호를 쓰세요.

(   )

5 모양의 블록을 모두 찾아 ○표 하세요.

(   ) (   ) (   )

6 바르게 말한 사람의 이름을 쓰세요.

지유: ▭ 은 ⬤ 모양이야.

도윤: ⬤ 은 ⬤ 모양이야.

(   )

7 ⬤ 모양을 모두 찾아 기호를 쓰세요.

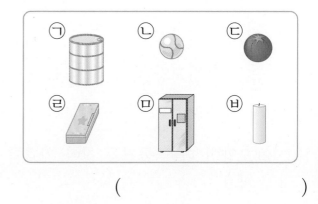

(   )

8 같은 모양끼리 모은 것의 기호를 쓰세요.

ㄱ

ㄴ

( )

11 오른쪽 동화책과 모양이 다른 물건을 가지고 있는 사람은 누구인지 이름을 쓰세요.

 다은    지호    하린

( )

9 같은 모양끼리 이어 보세요.

 •

 •

 •

서술형 中 수 문제 해결의 전략 을 보면서 풀어 보자.

12 ⬜, ⬛, ⚪ 모양 중 가장 많은 모양은 어느 모양인지 구하세요.

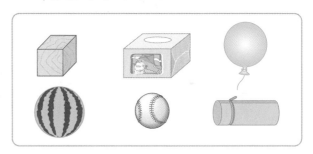

전략 각 모양의 개수를 세어 보자.

❶

⬜ 모양	⬛ 모양	⚪ 모양

전략 위 ❶에서 구한 개수를 비교해 보자.

❷ 가장 많은 모양: (⬜ , ⬛ , ⚪)

답 (⬜ , ⬛ , ⚪) 모양

실생활 연결

10 ⬛ 모양을 모두 찾아 ○표 하세요.

2 여러 가지 모양

43

BOOK❷ 10~11쪽에서 한 번 더 풀기!

핵심 개념 여러 가지 모양 알아보기

1. , , 모양 알아보기

평평한 부분이 **있어.**

뾰족한 부분이 **있어.**

평평한 부분이 **있어.**

둥근 부분이 **있어.**

평평한 부분이 **없어.**

둥근 부분만 **있어.**

2. , , 모양 굴려 보고 쌓아 보기

잘 굴러가지 않아.

잘 쌓을 수 있어.

눕히면 잘 굴러가.

세우면 쌓을 수 있어.

여러 방향으로 잘 굴러가.

쌓을 수 없어.

확인 문제 1~4번 문제를 풀면서 개념 익히기!

1 다음 모양을 보고 바르게 설명한 것에 ○표 하세요.

뾰족한 부분이 있습니다. (   )

둥근 부분이 있습니다. (   )

한번 더! 확인 5~8번 유사문제를 풀면서 개념 다지기!

5 다음 모양을 보고 바르게 설명한 것에 ○표 하세요.

뾰족한 부분이 있습니다. (   )

둥근 부분이 있습니다. (   )

2 설명에 알맞은 모양에 ◯표 하세요.

뾰족한 부분과 평평한 부분이 모두 있습니다.

()

3 ⬤ 모양에 대한 설명으로 옳은 것을 찾아 기호를 쓰세요.

ㄱ 잘 쌓을 수 있습니다.
ㄴ 잘 굴러갑니다.

(   )

4 여러 방향으로 잘 굴러가지만 쌓을 수 <u>없는</u> 물건을 찾아 기호를 쓰세요.

(1) 여러 방향으로 잘 굴러가지만 쌓을 수 없는 모양에 ◯표 하세요.

()

(2) 위 (1)에서 구한 모양의 물건을 찾아 기호를 쓰세요.

(   )

6 설명에 알맞은 모양에 ◯표 하세요.

둥근 부분만 있습니다.

()

7 설명이 맞으면 ◯표, 틀리면 ✕표 하세요.

(1) ▧ 모양은 잘 쌓을 수 있습니다.
.... (   )

(2) ▨ 모양은 여러 방향으로 잘 굴러갑니다. .... (   )

🏅 서술형 下수

8 잘 쌓을 수 있지만 잘 굴러가지 <u>않는</u> 물건을 찾아 기호를 쓰세요.

풀이

잘 쌓을 수 있지만 잘 굴러가지 않는 모양:

()

위에서 구한 모양의 물건의 기호: ☐

답 _____

2

여러 가지 모양

핵심 **개념** 여러 가지 모양 만들기

예 사용한 ⬚, ⬚, ○ 모양의 수 세어 보기

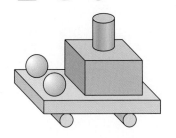

모양의 특징을 생각하면서
각 모양별로 ○, ×, △ 등과 같이
서로 다른 표시를 하며 세어 봐.

⬚ 모양	⬚ 모양	○ 모양
2개	❶ 개	❷ 개

정답 확인 | ❶ 3 ❷ 2

확인 문제 1~5번 문제를 풀면서 개념 익히기!

1 양초 모양을 만든 것입니다. 사용한 모양에
○표 하세요.

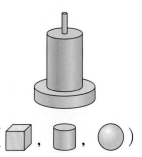

(⬚ , ⬚ , ○)

2 다음 모양을 만드는 데 사용한 모양을 모두
찾아 ○표 하세요.

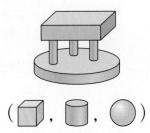

(⬚ , ⬚ , ○)

한번 더! 확인 6~10번 유사문제를 풀면서 **개념 다지기!**

6 의자 모양을 만든 것입니다. 사용한 모양에
○표 하세요.

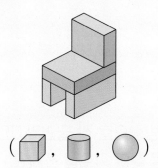

(⬚ , ⬚ , ○)

7 다음 모양을 만드는 데 사용한 모양을 모두
찾아 ○표 하세요.

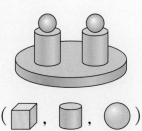

(⬚ , ⬚ , ○)

3 탁자 모양을 만든 것입니다. 사용한 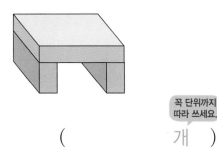 모양은 모두 **몇** 개인가요?

꼭 단위까지 따라 쓰세요.

(　　　 개 　)

8 케이크 모양을 만든 것입니다. 사용한 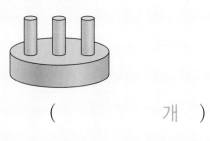 모양은 모두 **몇** 개인가요?

(　　　 개 　)

4 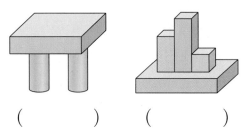 모양만 사용하여 만든 것에 ○표 하세요.

(　　　)　　(　　　)

9 보기 의 모양을 모두 사용하여 만들었으면 ○표, 아니면 ×표 하세요.

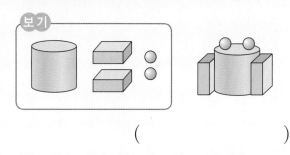

(　　　　　)

5 오른쪽 자동차 모양을 만드는 데 사용하지 않은 모양은 어느 것인가요?

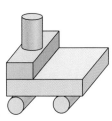

(1) 사용한 모양을 모두 찾아 ○표 하세요.

(2) 사용하지 않은 모양을 찾아 ×표 하세요.

10 게 모양을 만든 것입니다. 사용하지 않은 모양에 ×표 하세요.

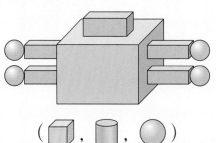

2

여러 가지 모양

47

1  모양에 대한 설명이 옳으면 ○표, 틀리면 ×표 하세요.

평평한 부분과 뽀족한 부분이 있어.

(   )

2 다음 모양을 만드는 데 사용한 모양에 ○표 하세요.

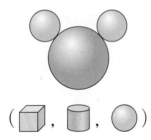

(⬜ , ⬛ , ⚫)

3 기차 모양을 만든 것입니다. 사용하지 않은 모양에 △표 하세요.

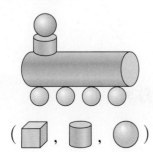

(⬜ , ⬛ , ⚫)

4 알맞은 것끼리 이어 보세요.

여러 방향으로 잘 굴러가지만 쌓을 수 없어.

잘 굴러가지 않지만 쌓을 수 있어.

눕히면 잘 굴러가고 세우면 쌓을 수 있어.

[5~6] 그림을 보고 물음에 답하세요.

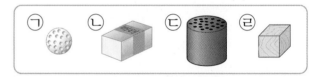

ㄱ   ㄴ   ㄷ   ㄹ

5 어느 쪽으로도 잘 쌓을 수 없는 것을 찾아 기호를 쓰세요.

(   )

⚡ 추론

6 일부분이 오른쪽과 같은 모양의 물건을 모두 찾아 기호를 쓰세요.

(   )

7 주하가 상자 속에 들어 있는 물건을 만져 보았더니 둥근 부분만 만져졌습니다. 주하가 만진 물건을 찾아 기호를 쓰세요.

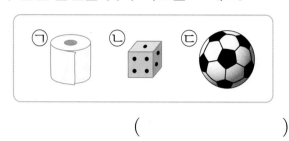

(   )

8 만든 모양을 찾아 이어 보세요.

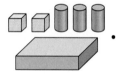 ·

·

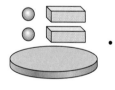 ·

·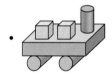

9 서로 <u>다른</u> 부분을 찾아 각각 ◯표 하세요.

 |

10 ☐ 안에 들어갈 말을 바르게 말한 사람은 누구인지 이름을 쓰세요.

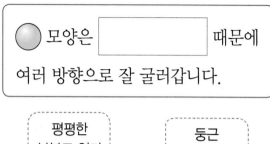

◯ 모양은 [   ] 때문에 여러 방향으로 잘 굴러갑니다.

평평한 부분도 있기   둥근 부분만 있기

지호   다은

(   )

🏅 서술형 **中수**   문제 해결의 **전략** 을 보면서 풀어 보자.

11 예빈이가 만든 모양입니다.  모양 중에서 5개를 사용한 모양을 구하세요.

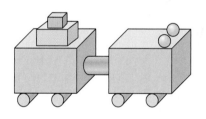

전략 각 모양의 특징을 알고 사용한 모양의 개수를 세어 보자.

❷ 5개를 사용한 모양:

(▨ , ◫ , ◯)

답 (▨ , ◫ , ◯) 모양

BOOK**②** 12~13쪽에서 한 번 더 풀기!

3 서술형 바로 쓰기

🖊️ 키워드 문제

연습 **1-1** 둥근 부분이 있는 물건을 모두 찾아 쓰세요.

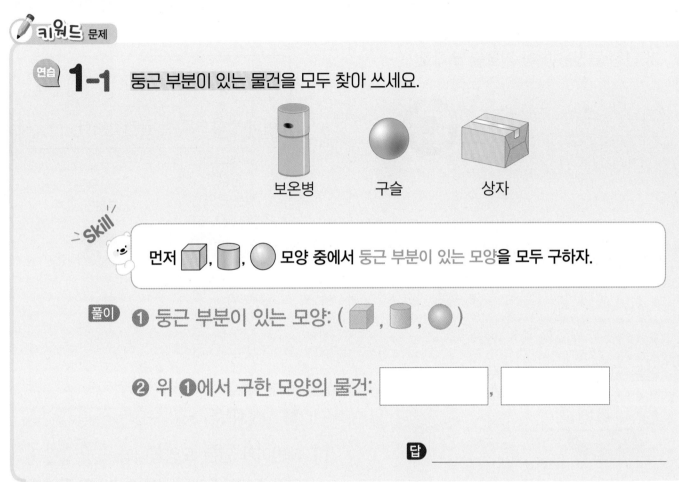

보온병　　　구슬　　　상자

Skill

먼저 📦 , 🗑️ , ⚪ 모양 중에서 둥근 부분이 있는 모양을 모두 구하자.

풀이 ❶ 둥근 부분이 있는 모양: (📦 , 🗑️ , ⚪)

❷ 위 ❶에서 구한 모양의 물건: [　　　　] , [　　　　]

답 _____

🥇 서술형 高수　　🎯 가이드 | 문제에서 핵심이 되는 말에 표시하고, 위의 풀이 과정을 따라 풀어 보자.

실전 **1-2** 평평한 부분이 있는 물건을 모두 찾아 쓰세요.

주사위　　　야구공　　　통조림 캔

풀이 ❶

❷

답 _____

 2-1 같은 모양끼리 모은 것을 찾아 기호를 쓰세요.

가

나

Skill

먼저 가와 나에서 모은 모양은 각각 어떤 모양인지 찾아보자.

풀이 ❶ 가와 나에서 각각 모은 모양을 모두 찾기

가: (🔲 , 🔘 , ⚪), 나: (🔲 , 🔘 , ⚪)

❷ 같은 모양끼리 모은 것의 기호: ☐

답 _____

2

여
러
가
지
모
양

서술형 高수 🔍 **가이드** | 문제에서 핵심이 되는 말에 표시하고, 위의 풀이 과정을 따라 풀어 보자.

 **2-2** 같은 모양끼리 모은 것을 찾아 기호를 쓰세요.

가

나

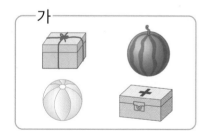

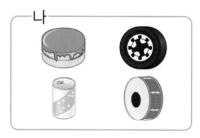

풀이 ❶

❷

답 _____

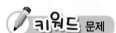

3 ^{단계} 서술형 바로 쓰기

✏️ **키워드** 문제

^{연습} **3-1** 지호가 모은 물건입니다. ⬛ 모양과 ⚪ 모양은 모두 몇 개인지 구하세요.

Skill

⬛ 모양과 ⚪ 모양의 물건 수를 각각 구하여 이어서 세어 보자.

풀이 ❶ ⬛ 모양: ☐ 개, ⚫ 모양: ☐ 개

❷ ⬛ 모양과 ⚪ 모양은 모두 ☐ 개입니다.

답 _____

2

여러 가지 모양

🏆 **서술형 高手** 💡**가이드** | 문제에서 핵심이 되는 말에 표시하고, 위의 풀이 과정을 따라 풀어 보자.

^{실전} **3-2** 소희가 모은 물건입니다. 🥫 모양과 ⚪ 모양은 모두 몇 개인지 구하세요.

풀이 ❶

❷

답 _____

연습 4-1 왼쪽 모양을 만드는 데 가장 많이 사용한 모양은 무엇인지 보기에서 찾아 기호를 쓰세요.

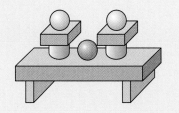

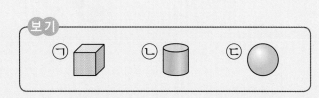

 각 모양별로 사용한 개수를 세어 **수가 가장 큰 것**을 찾자.

풀이 ❶ 사용한 모양의 수 구하기

⬛ 모양: 5개, 🔵 모양: ☐ 개, ⚫ 모양: ☐ 개

❷ 가장 많이 사용한 모양의 기호: ☐

답 _____

2

여러 가지 모양

서술형 高수 🐥**가이드** | 문제에서 핵심이 되는 말에 표시하고, 위의 풀이 과정을 따라 풀어 보자.

실전 4-2 왼쪽 모양을 만드는 데 가장 적게 사용한 모양은 무엇인지 보기에서 찾아 기호를 쓰세요.

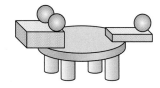

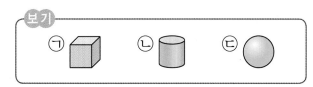

풀이 ❶

❷

답 _____

BOOK② 14~15쪽에서 한 번 더 풀기!

점수

1 모양에 ○표 하세요.

(   ) (   ) (   )

2 모양에 ○표 하세요.

(   ) (   ) (   )

3 수박과 같은 모양에 ○표 하세요.

 →

4 나머지와 모양이 **다른** 하나에 ×표 하세요.

(   ) (   ) (   )

5 오른쪽 팔찌 모양을 만드는 데 사용한 모양에 ○표 하세요.

 , , ○

6 같은 모양끼리 모은 것에 ○표 하세요.

(   ) (   )

7 설명에 알맞은 모양에 ○표 하세요.

여러 방향으로 잘 굴러갑니다.

 , , ○

8 같은 모양끼리 이어 보세요.

2

여러 가지 모양

[9~10] 오른쪽은 지호가 만든 모 양입니다. 물음에 답하세요.

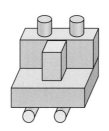

9 사용한 모양은 몇 개인가요?

( )

10 사용하지 <u>않은</u> 모양에 △표 하세요.

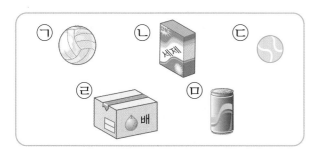

[11~12] 그림을 보고 물음에 답하세요.

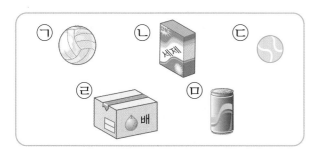

11 ㉠과 같은 모양의 물건을 찾아 기호를 쓰세요.

( )

12 평평한 부분과 뾰족한 부분이 모두 있는 물 건은 몇 개인가요?

( )

[13~14] 그림을 보고 물음에 답하세요.

13 설명에 알맞은 물건을 찾아 기호를 쓰세요.

평평한 부분이 없습니다.

( )

🔋 추론

14 일부분이 오른쪽과 같은 모양의 물건을 찾아 기호를 쓰세요.

( )

15 오른쪽과 같은 물건의 모양에 대 해 바르게 설명한 것을 찾아 기호 를 쓰세요.

㉠ 눕히면 잘 굴러갑니다.
㉡ 어느 쪽으로도 잘 쌓을 수 있습니다.

( )

16 우주선 모양을 만드는 데 , 모양을 각각 몇 개 사용했는지 쓰세요.

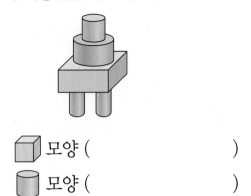

모양 (　　　　　　　　)

모양 (　　　　　　　　)

정보처리

17 오른쪽 모양을 모두 사용하여 만든 모양을 찾아 기호를 쓰세요.

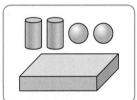

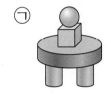 ㉠　　㉡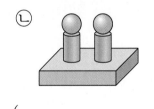

(　　　　　　　　)

18 가장 많은 모양에 ○표, 가장 적은 모양에 △표 하세요.

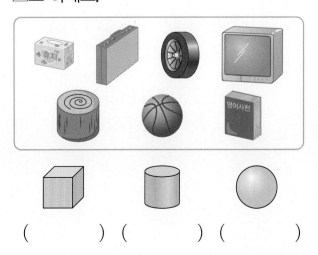

(　　　　) (　　　　) (　　　　)

서술형 실전

19 지유가 설명하는 모양의 물건을 찾아 쓰려고 합니다. 풀이 과정을 쓰고 답을 구하세요.

지유　둥근 부분이 없어서 어느 쪽으로도 잘 굴러가지 않아.

벽돌　　휴지　　구슬

풀이 _____

_____

_____

답 _____

20 다음 모양을 만드는 데 가장 적게 사용한 모양은 무엇인지 보기 에서 찾아 기호를 쓰려고 합니다. 풀이 과정을 쓰고 답을 구하세요.

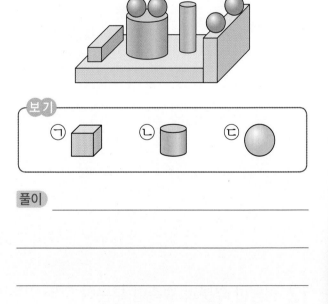

보기

㉠　　㉡　　㉢

풀이 _____

_____

_____

답 _____

틀린 그림을 찾아라!

스마트폰으로 QR코드를 찍으면 정답이 보여요.

🍎 수아네 모둠 친구들이 블록 쌓기를 하고 있습니다. 두 그림에서 서로 다른 **3**곳을 찾아 ○표 하세요.

모둠 친구들이 사용하는 블록은
 모양 중 어떤 모양일까?

(□, ▢, ○) 모양이야.

위에서 구한 블록의 모양은 어떤 특징이 있을까?

(평평한 , 둥근) 부분과
뾰족한 부분이 모두 있어.

덧셈과 뺄셈

 큐알 코드를 찍으면 개념 학습 영상도 보고,
수학 게임도 할 수 있어요.

교과서 바로 알기

핵심 개념 모으기와 가르기 (1)

1. 3을 모으기와 가르기

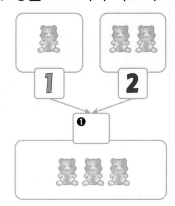

1과 2를 모으면 3이 돼.

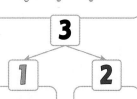

3은 1과 2로 가를 수 있어.

2. 7을 모으기와 가르기

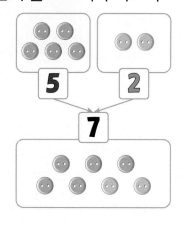

1과 6, 3과 4를 모아도 7이 돼.

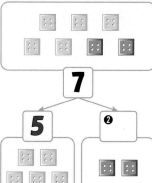

7은 1과 6, 3과 4로 가를 수도 있어.

정답 확인 | ❶ 3 ❷ 2

확인 문제 1~4번 문제를 풀면서 개념 익히기!

1 그림을 보고 물음에 답하세요.

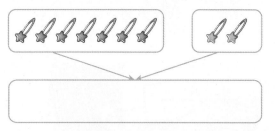

(1) 빈 곳에 알맞은 수만큼 ○를 그려 보세요.

(2) □ 안에 알맞은 수를 써넣으세요.

7과 2를 모으면 □ 이/가 됩니다.

한번 더! 확인 5~8번 유사문제를 풀면서 개념 다지기!

5 그림을 보고 물음에 답하세요.

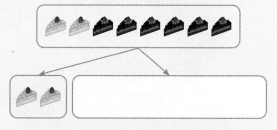

(1) 빈 곳에 알맞은 수만큼 ○를 그려 보세요.

(2) □ 안에 알맞은 수를 써넣으세요.

8은 2와 □ (으)로 가를 수 있습니다.

2 모으기를 해 보세요.

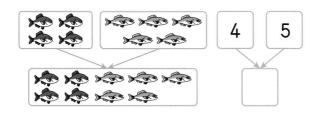

3 모으기를 해 보세요.

4 두 바구니에 있는 사과를 모으면 모두 **몇 개**인지 구하세요.

(1) 빈 곳에 알맞은 수만큼 ○를 그려 보세요.

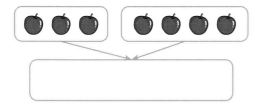

(2) 두 바구니에 있는 사과를 모으면 모두 몇 개인가요?

꼭 단위까지 따라 쓰세요.

(개)

6 가르기를 해 보세요.

7 가르기를 해 보세요.

 서술형 下수

8 색종이 9장을 서준이와 동생이 나누어 가졌습니다. 서준이가 5장을 가졌다면 동생이 가진 색종이는 **몇 장**인가요?

풀이

빈 곳에 알맞은 수만큼 ○를 그리면

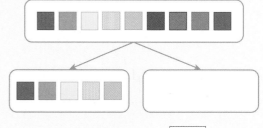

➡ 동생이 가진 색종이는 □장입니다.

답  장

핵심 개념 모으기와 가르기 (2)

• **7을 모으기와 가르기**

(1) 7을 모으기

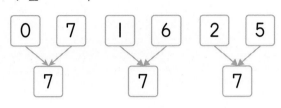

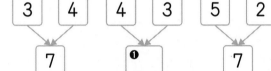

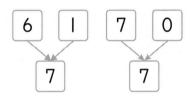

0과 7을 모으면 7이 돼.

(2) 7을 가르기

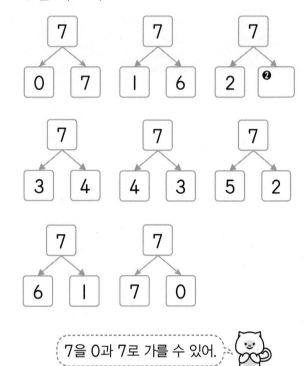

7을 0과 7로 가를 수 있어.

정답 확인 | ❶ 7 ❷ 5

3
덧셈과 뺄셈

62

확인 문제 1~4번 문제를 풀면서 개념 익히기!

1 그림을 보고 빈칸에 알맞은 수를 써넣으세요.

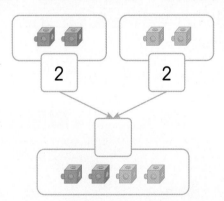

주황색 모형 2개와 하늘색 모형 2개를

모으면 모형 ☐ 개가 됩니다.

한번 더! 확인 5~8번 유사문제를 풀면서 개념 다지기!

5 그림을 보고 빈칸에 알맞은 수를 써넣으세요.

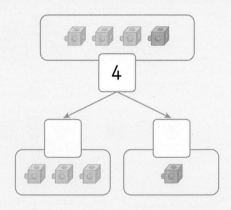

모형 4개는 노란색 모형 ☐ 개와

초록색 모형 ☐ 개로 가를 수 있습니다.

2 모으기를 해 보세요.

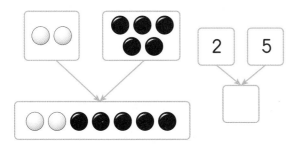

3 모으기를 하여 빈 곳에 알맞은 수를 써넣으세요.

(1)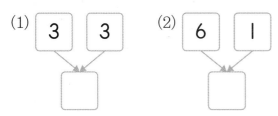

(2)

4 양손에 들고 있는 사탕을 모으면 모두 **몇 개**인지 구하세요.

(1) 빈 곳에 알맞은 수를 써넣으세요.

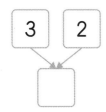

(2) 사탕을 모으면 모두 몇 개인가요?

꼭 단위까지 따라 쓰세요.

(개)

6 가르기를 해 보세요.

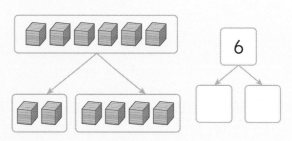

7 가르기를 하여 빈 곳에 알맞은 수를 써넣으세요.

(1)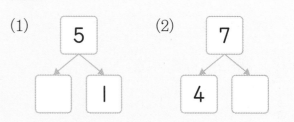

(2)

 서술형 下수

8 송편 8개를 두 접시에 나누어 담으려고 합니다. 한 접시에 송편 **3**개를 담았다면 다른 빈 접시에 담을 송편은 **몇 개**인가요?

풀이

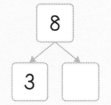

➜ 8은 3과 ☐ (으)로 가를 수 있으므로

다른 빈 접시에 담을 송편은 ☐ 개

입니다.

답 _____ 개

3

덧셈과 뺄셈

63

[1~2] 모으기를 하여 빈 곳에 알맞은 수를 써넣으세요.

1

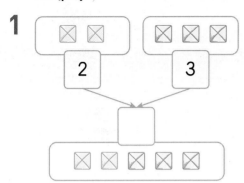

3

덧셈과 뺄셈

2

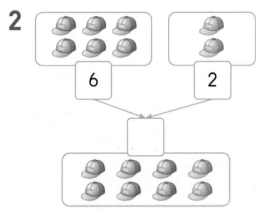

64

[3~4] 그림을 보고 가르기를 하여 빈 곳에 알맞은 수를 써넣으세요.

3

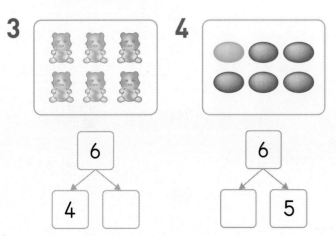

[5~6] 빈 곳에 알맞은 수를 써넣으세요.

5 **6**

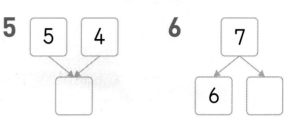

7 모으기를 바르게 한 것에 ○표 하세요.

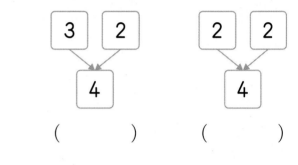

(   )   (   )

8 양쪽의 점의 수를 모으기하면 8이 되는 것을 찾아 ○표 하세요.

(   ) (   ) (   )

9 9는 6과 몇으로 가를 수 있나요?

(   )

10 양쪽의 두 수를 모으기하여 6이 되는 것끼리 이어 보세요.

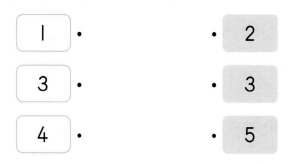

1	•	•	2
3	•	•	3
4	•	•	5

11 9를 서로 다른 두 가지 방법으로 가르기해 보세요.

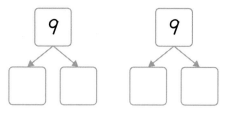

문제 해결

12 냉장고에 있는 달걀과 요구르트입니다. 같은 종류끼리 모았을 때 7이 되는 것은 달걀과 요구르트 중 어느 것인가요?

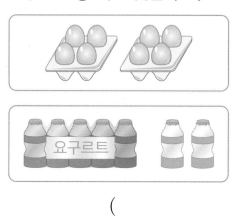

(   )

13 8을 가르기하여 ○를 알맞게 색칠하고, □ 안에 알맞은 수를 써넣으세요.

8		
●○○○○○○○	1	7
●●○○○○○○	2	
●●●○○○○○	3	
○○○○○○○○		
○○○○○○○○		
○○○○○○○○		

서술형 中수 문제 해결의 **전략**을 보면서 풀어 보자.

14 지호는 칭찬 붙임딱지 4장과 3장을 모았습니다. 모은 칭찬 붙임딱지는 2장과 몇 장으로 가를 수 있나요?

전략 모으기를 하여 지호가 모은 전체 칭찬 붙임딱지 수를 구하자.

❶ 4와 3을 모으면 □ 입니다.

전략 ❶에서 구한 수를 2와 몇으로 가를 수 있는지 구하자.

❷ 모은 칭찬 붙임딱지 수 □ 은/는

2와 □ (으)로 가를 수 있습니다.

➜ 모은 칭찬 붙임딱지는 2장과

□ 장으로 가를 수 있습니다.

답 _____

BOOK❷ 16~17쪽에서 한 번 더 풀기!

3

덧셈과 뺄셈

65

1 단계 교과서 바로 알기

핵심 **개념** 덧셈 알아보기

1. 그림을 보고 덧셈 이야기 만들기

코끼리 열차에 **3**명이 타려고 하고 **2**명이 더 오고 있으므로 코끼리 열차에 타려는 사람은 모두 ❶[ ]명입니다.

2. 더하기로 나타내기

더하기는 ┼ 로, 같다는 ═ 로 나타내!

3+2 → 5

(덧셈식) 3+2=5

(읽기) 3 더하기 2는 5와 같습니다.

3과 2의 합은 ❷[ ]입니다.

정답 확인 | ❶ 5 ❷ 5

확인 문제 1~4번 문제를 풀면서 개념 익히기!

1 수 모형을 보고 알맞은 덧셈식에 ○표 하세요.

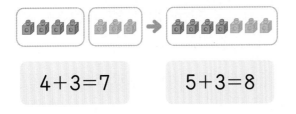

4+3=7   5+3=8

(   )   (   )

2 그림을 보고 덧셈식을 쓰고 읽어 보세요.

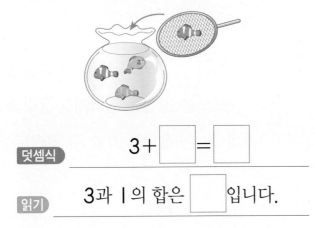

(덧셈식)   3+[ ]=[ ]

(읽기)   3과 |의 합은 [ ]입니다.

한번 더! 확인 5~8번 유사문제를 풀면서 개념 다지기!

5 그림에 알맞은 덧셈식이면 ○표, <u>아니면</u> ×표 하세요.

2+5=7

(   )

6 그림을 보고 덧셈식을 쓰고 읽어 보세요.

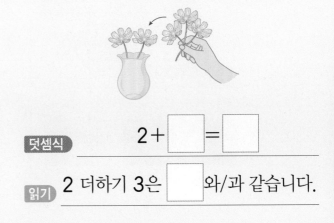

(덧셈식)   2+[ ]=[ ]

(읽기)   2 더하기 3은 [ ]와/과 같습니다.

3 그림을 보고 덧셈 이야기를 만들어 보세요.

사파리에 이야기를
따라 쓰세요.

사자 4마리와 호랑이 3마리가 있습

니다. 사자와 호랑이는 모두

☐ 마리입니다.

7 그림을 보고 덧셈 이야기를 만들어 보세요.

주차장에

얼룩말 버스 4대가 있는데, 악어 버스

2대가 더 들어와 버스는 모두 ☐ 대

입니다.

4 다음 덧셈식을 바르게 읽은 것의 기호를 쓰세요.

$$5+1=6$$

㉠ 5와 1의 합은 6입니다.
㉡ 1 더하기 6은 7과 같습니다.

(1) ㉠과 ㉡을 덧셈식으로 쓰세요.

㉠: ☐ + ☐ = ☐

㉡: ☐ + ☐ = ☐

(2) 덧셈식 5+1=6을 바르게 읽은 것
의 기호를 쓰세요.

( )

8 다음 덧셈식을 바르게 읽은 것의 기호를 쓰세요.

$$3+5=8$$

㉠ 3 더하기 4는 7과 같습니다.
㉡ 3과 5의 합은 8입니다.

㉠과 ㉡을 덧셈식으로 쓰면

㉠: ☐ + ☐ = ☐

㉡: ☐ + ☐ = ☐

➡ 덧셈식 3+5=8을 바르게 읽은 것
은 (㉠ , ㉡)입니다.

답

핵심 개념 덧셈하기

• 여러 가지 방법으로 어린이 수 구하기

방법 1 모으기로 덧셈하기

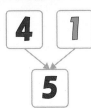

4와 |을 모으기하면 5가 되므로 어린이는 모두 5명입니다.

방법 2 연결 모형으로 덧셈하기

모형 4개와 모형 |개를 묶은 전체 모형 ❶☐개가 전체 어린이 수입니다.

방법 3 수판에서 그려서 덧셈하기

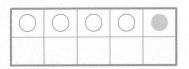

앉아 있는 어린이 수를 ○, 서 있는 어린이 수를 ● 로 이어 그리면 그린 수만큼 전체 어린이 수는 5명입니다.

방법 4 식으로 나타내 덧셈하기

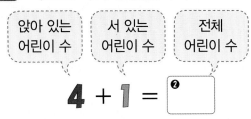

앉아 있는 어린이 수 ｜ 서 있는 어린이 수 ｜ 전체 어린이 수

$$4 + 1 = \boxed{❷}$$

덧셈식을 1+4=5라고도 쓸 수 있습니다.

참고 수의 순서를 바꾸어 더해도 합은 5로 같습니다.

정답 확인 | ❶ 5 ❷ 5

68

확인 문제 1~4번 문제를 풀면서 개념 익히기!

1 모으기 방법으로 참새는 모두 **몇 마리**인지 구하세요.

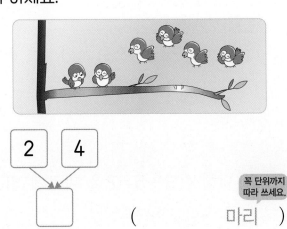

2 ｜ 4

☐

꼭 단위까지 따라 쓰세요.

(　　마리 　)

한번 더! 확인 5~8번 유사문제를 풀면서 개념 다지기!

5 그림에 알맞게 초록색 사탕 4개에 이어서 분홍색 사탕 5개만큼 ○를 그려 사탕은 모두 **몇 개**인지 구하세요.

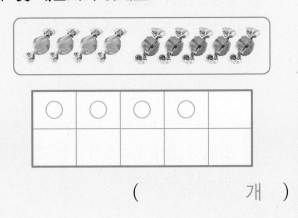

(　　개 　)

2 주어진 덧셈식에 알맞은 그림에 ○표 하고, □ 안에 알맞은 수를 써넣으세요.

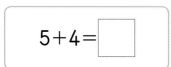

(   )   (   )

3 그림을 보고 □ 안에 알맞은 수를 써넣으세요.

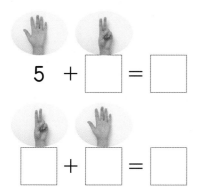

5   + □ = □

□ + □ = □

4 지영이는 흰색 구슬 7개, 검은색 구슬 2개를 가지고 있습니다. 지영이가 가지고 있는 구슬은 모두 **몇 개**인지 구하세요.

(1) 덧셈식을 쓰세요.

□ + □ = □

(2) 지영이가 가지고 있는 구슬은 모두 몇 개인가요?

꼭 단위까지 따라 쓰세요.

(개   )

6 주어진 덧셈식에 알맞은 그림에 ○표 하고, □ 안에 알맞은 수를 써넣으세요.

(   )   (   )

7 □ 안에 알맞은 수를 써넣고, 알맞은 말에 ○표 하세요.

┌6+3= □
└3+6= □

수의 순서를 바꾸어 더해도 합이 (다릅니다 , 같습니다).

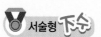 서술형 下수

8 소희는 연필을 3자루 가지고 있고, 지유는 소희보다 연필을 3자루 더 많이 가지고 있습니다. 지유가 가지고 있는 연필은 **몇 자루**인가요?

덧셈식 _____

 답 _____ 자루

‘더 많이’ 가지고 있으니까 덧셈식으로 구하면 돼.

1 그림을 보고 덧셈을 하세요.

$$3+5=\boxed{}$$

2 그림을 보고 덧셈식을 쓰고 읽어 보세요.

덧셈식 $5+2=\boxed{}$

읽기   5 더하기 2는 $\boxed{}$ 와/과 같습니다.

5와 2의 합은 $\boxed{}$ 입니다.

3 그림에 알맞게 어항에 더 넣으려는 물고기의 수만큼 ○를 이어서 그리고, □ 안에 알맞은 수를 써넣으세요.

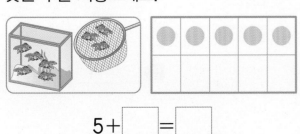

$$5+\boxed{}=\boxed{}$$

4 알맞은 것끼리 이어 보세요.

· $2+1=3$

· $4+2=6$

· $1+4=5$

5 양쪽 점의 수의 합을 구하는 덧셈식을 쓰세요.

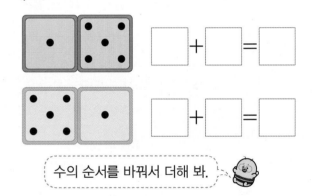

$$\boxed{}+\boxed{}=\boxed{}$$

$$\boxed{}+\boxed{}=\boxed{}$$

수의 순서를 바꿔서 더해 봐.

6 덧셈식을 **잘못** 나타낸 것을 찾아 기호를 쓰세요.

ㄱ   ➡ $3+5=8$

ㄴ  ➡ $2+4=6$

ㄷ  ➡ $1+3=4$

(   )

7 덧셈을 하세요.

(1) $3+6=$ ☐ (2) $4+1=$ ☐

8 그림을 보고 덧셈식을 쓰고 읽어 보세요.

덧셈식 _____

읽기 _____

🔴 실생활 연결

9 동물원에 수컷 호랑이 2마리, 암컷 호랑이 3마리가 있습니다. 동물원에 있는 호랑이는 모두 몇 마리인가요?

(   )

10 그림을 보고 덧셈 이야기를 만들어 보세요.

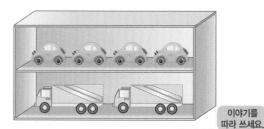

이야기를 따라 쓰세요.

장난감 진열대에 자동차가 ☐ 대, 트럭이 ☐ 대 있으므로 자동차와 트럭은 모두 ☐ 대입니다.

🩹 문제 해결

11 합이 같은 두 덧셈에 ◯표 하세요.

$3+5$	$7+2$	$2+4$
$4+3$	$2+7$	$3+2$

🏅 서술형 **中수**   문제 해결의 전략 을 보면서 풀어 보자.

12 그림을 보고 어린이는 모두 몇 명인지 서로 다른 덧셈식 두 가지를 써서 구하세요.

전략 남자 어린이와 여자 어린이의 수를 각각 세어 덧셈식을 쓰자.

❶ 남자 어린이의 수: **3**명

여자 어린이의 수: ☐ 명

➜ ☐ $+$ ☐ $=$ ☐

전략 앉아 있는 어린이와 서 있는 어린이의 수를 각각 세어 덧셈식을 쓰자.

❷ 앉아 있는 어린이의 수: ☐ 명

서 있는 어린이의 수: ☐ 명

➜ ☐ $+$ ☐ $=$ ☐

덧셈식1 _____

덧셈식2 _____

답 _____

3

덧셈과 뺄셈

BOOK② 18~19쪽에서 한 번 더 풀기!

핵심 개념 뺄셈 알아보기

1. 그림을 보고 뺄셈 이야기 만들기

연못에 있던 개구리 **7**마리 중에서 **4**마리가 밖으로 뛰어나가서 남은 개구리는 **①** 마리입니다.

2. 빼기로 나타내기

빼기는 ─ 로, 같다는 = 로 나타내!

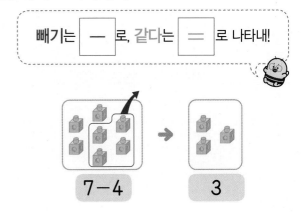

7−4 → 3

뺄셈식 ▷ 7−4=3

읽기 ▷ 7 빼기 4는 3과 같습니다.

7과 **②** 의 차는 3입니다.

정답 확인 | ① 3 ② 4

확인 문제 1~5번 문제를 풀면서 개념 익히기!

1 그림을 보고 알맞은 뺄셈식에 ○표 하세요.

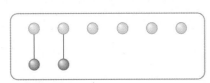

6−3=3	6−2=4
( )	( )

2 그림을 보고 □ 안에 알맞은 수를 써넣으세요.

주차장에 자동차가 **5**대 있었는데 **2**대가 빠져나가서 남은 자동차는 □ 대입니다.

한번 더! 확인 6~10번 유사문제를 풀면서 개념 다지기!

6 그림에 알맞은 뺄셈식이면 ○표, 아니면 ×표 하세요.

8−2=6

(   )

7 그림을 보고 □ 안에 알맞은 수를 써넣으세요.

트럭은 **3**대, 승용차는 **1**대 있으므로 트럭이 승용차보다 □ 대 더 많습니다.

3 그림을 보고 뺄셈식을 쓰고 읽어 보세요.

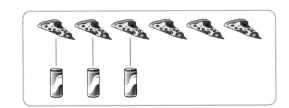

뺄셈식 6−3=☐

읽기 6과 3의 ☐ 은/는 ☐ 입니다.

8 그림을 보고 뺄셈식을 쓰고 읽어 보세요.

뺄셈식 7−1=☐

읽기 7 ☐ 1은 ☐ 와/과 같습

니다.

4 알맞은 것끼리 이어 보세요.

· 7−5=2

· 5−1=4

· 6−4=2

9 알맞은 것끼리 이어 보세요.

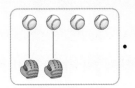

· 5−1=4

· 4−2=2

· 5−2=3

73

5 풍선 8개 중에서 7개가 터졌습니다. 터지지 않은 풍선은 **몇** 개인지 구하세요.

(1) 뺄셈식을 쓰세요.

8−☐=☐

(2) 터지지 않은 풍선은 몇 개인가요?

꼭 단위까지 따라 쓰세요.

(☐ 개)

서술형 고수

10 운동장에서 연을 9개 날리고 있었습니다. 이 중에 2개가 땅으로 떨어졌습니다. 지금 날리고 있는 연은 **몇** 개인가요?

뺄셈식

답 _____ 개

'남은 것'을 구해야 하니까 뺄셈식으로 구하면 돼.

핵심 **개념** 뺄셈하기

• 여러 가지 방법으로 먹고 남은 사과의 수 구하기

방법 1 가르기로 뺄셈하기

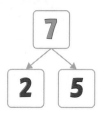

7은 2와 5로 가르기할 수 있으므로 남은 사과는 5개입니다.

방법 2 연결 모형으로 뺄셈하기

모형 7개에서 모형 2개를 뺀 남은 모형 5개가 남은 사과의 수입니다.

방법 3 그림을 그려서 뺄셈하기

사과의 수를 ○로 나타내고 먹은 사과의 수를 /으로 지우면 남은 사과의 수는 ❶ ☐ 개입니다.

방법 4 식으로 나타내 뺄셈하기

먹기 전 사과의 수   먹은 사과의 수   남은 사과의 수

7 − 2 = ❷ ☐

정답 확인 | ❶ 5 ❷ 5

확인 문제 1~4번 문제를 풀면서 개념 익히기!

1 가르기 방법으로 남은 병은 **몇 개**인지 구하세요.

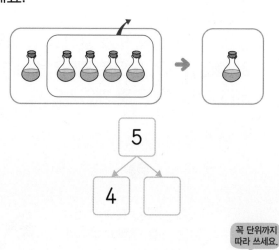

꼭 단위까지 따라 쓰세요.

(☐ 개)

한번 더! 확인 5~8번 유사문제를 풀면서 **개념 다지기!**

5 그림에서 뺀 풍선의 수만큼 ○를 /으로 지우고 남은 풍선이 몇 개인지 구하세요.

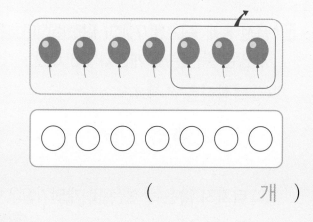

(☐ 개)

3

덧셈과 뺄셈

2 그림을 보고 □ 안에 알맞은 수를 써넣으세요.

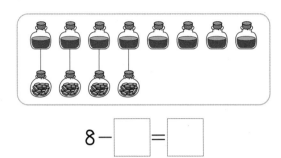

$$8 - \boxed{} = \boxed{}$$

6 그림을 보고 □ 안에 알맞은 수를 써넣으세요.

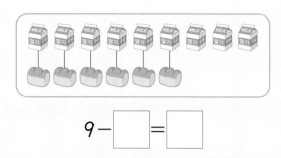

$$9 - \boxed{} = \boxed{}$$

3 주어진 뺄셈식에 알맞은 그림에 ○표 하고, 뺄셈을 하여 □ 안에 알맞은 수를 써넣으세요.

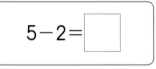

$$5 - 2 = \boxed{}$$

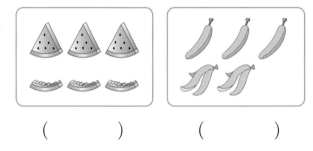

(   )   (   )

7 주어진 뺄셈식에 알맞은 그림에 ○표 하고, 뺄셈을 하여 □ 안에 알맞은 수를 써넣으세요.

$$4 - 1 = \boxed{}$$

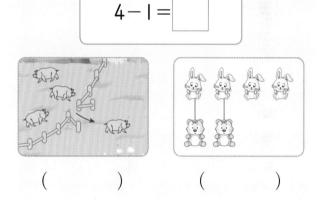

(   )   (   )

4 바구니에 사과가 3개, 귤이 8개 있습니다. 귤은 사과보다 **몇 개** 더 많이 있는지 구하세요.

(1) 뺄셈식을 쓰세요.

$$8 - \boxed{} = \boxed{}$$

(2) 귤은 사과보다 몇 개 더 많이 있나요?

꼭 단위까지 따라 쓰세요.

(개   )

서술형 下수

8 색연필이 9자루 있습니다. 연필은 색연필보다 5자루 더 적게 있습니다. 연필은 **몇 자루** 있나요?

뺄셈식 _____

답 _____ 자루

'더 적게'는 뺄셈식으로 구하면 돼.

3

덧셈과 뺄셈

75

[1~2] 그림을 보고 □ 안에 알맞은 수를 써넣으세요.

1

5−2= □

2

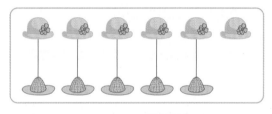

6−5= □

[3~4] 그림에 알맞게 /으로 지우거나 빼내고, 뺄셈을 하세요.

3

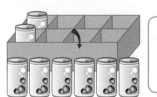 

8−6= □

4

6−4= □

76

5 뺄셈식을 읽어 보세요.

3−2=1

읽기 3 □ 2는 □ 와/과 같습니다.

6 가르기 방법으로 뺄셈을 하세요.

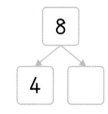

8

4 □

8− □ = □

7 다음을 뺄셈식으로 나타내 보세요.

6과 3의 차는 3입니다.

뺄셈식 □ − □ = □

8 뺄셈을 하세요.

(1) 8−5= □   (2) 2−1= □

(3) 8−2= □   (4) 5−3= □

9 그림을 보고 뺄셈식을 쓰세요.

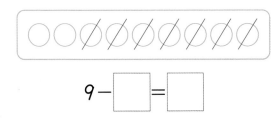

9 − ☐ = ☐

10 그림을 보고 뺄셈식을 쓰고 이야기를 만들려고 합니다. ☐ 안에 알맞은 수를 써넣으세요.

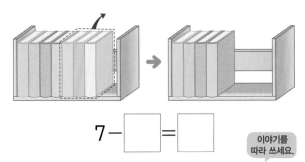

7 − ☐ = ☐

> 이야기를 따라 쓰세요.

책꽂이에 꽂혀 있던 책 7권 중에서

☐ 권을 뺐더니 책꽂이에 책이 ☐ 권

남았습니다.

🔹 **문제 해결**

11 효린이가 밭에서 당근 8개, 무 3개를 뽑았습니다. 어느 것을 몇 개 더 많이 뽑았는지 차례로 구하세요.

뺄셈식 _____

답 _____ , _____

12 차가 같은 뺄셈을 빈 곳에 써넣으세요.

🏅 서술형 **中수** 문제 해결의 **전략** 을 보면서 풀어 보자.

13 양쪽 점의 수의 차가 큰 사람이 이기는 놀이를 하였습니다. 은미와 지호 중에서 누가 이겼는지 구하세요.

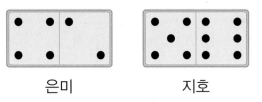

은미   지호

전략 양쪽 점의 수를 비교해 큰 수에서 작은 수를 빼자.

❶ • 은미의 점의 수의 차:

4 − ☐ = ☐

• 지호의 점의 수의 차:

☐ − ☐ = ☐

전략 ❶에서 구한 두 계산 결과의 크기를 비교해 보자.

❷ ☐ 이/가 ☐ 보다 크므로

☐ 가 이겼습니다.

답 _____

BOOK❷ 20~21쪽에서 한 번 더 풀기!

3

덧셈과 뺄셈

77

핵심 개념 0이 있는 덧셈과 뺄셈

1. 0+(어떤 수)

$$0+4=4$$

0+(어떤 수)=(어떤 수)

2. (어떤 수)+0

$$3+0=❶\boxed{}$$

(어떤 수)+0=(어떤 수)

3. (어떤 수)-0

하나도 안 먹었어요.

$$4-0=4$$

(어떤 수)-0=(어떤 수)

4. (어떤 수)-(어떤 수) → (전체)-(전체)

다 먹었어요.

$$3-3=❷\boxed{}$$

(어떤 수)-(어떤 수)=0

78

정답 확인 | ❶ 3 ❷ 0

확인 문제 1~5번 문제를 풀면서 개념 익히기!

1 그림을 보고 덧셈을 하세요.

$$0+1=\boxed{}$$

2 계산해 보세요.

(1) $0+9=\boxed{}$ (2) $7-0=\boxed{}$

한번 더! 확인 6~10번 유사문제를 풀면서 개념 다지기!

6 그림을 보고 덧셈을 하세요.

$$4+0=\boxed{}$$

7 빈 곳에 알맞은 수를 써넣으세요.

8 − 8 =

3 그림을 보고 덧셈식을 쓰세요.

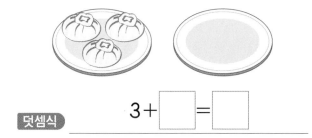

덧셈식 $3 + \boxed{} = \boxed{}$

8 그림을 보고 덧셈식을 쓰세요.

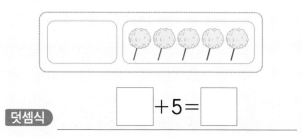

덧셈식 $\boxed{} + 5 = \boxed{}$

4 그림을 보고 뺄셈식을 쓰세요.

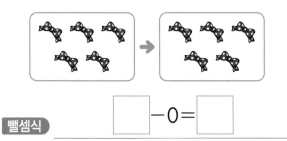

뺄셈식 $\boxed{} - 0 = \boxed{}$

9 그림을 보고 뺄셈식을 쓰세요.

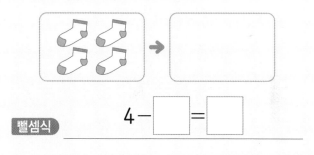

뺄셈식 $4 - \boxed{} = \boxed{}$

5 그림을 보고 엘리베이터 안에 남은 사람은 몇 명인지 구하세요.

(1) 뺄셈식을 쓰세요.

$6 - \boxed{} = \boxed{}$

(2) 엘리베이터 안에 남은 사람은 몇 명인 가요?

꼭 단위까지 따라 쓰세요.

(명   )

서술형

10 그림을 보고 엘리베이터 안에 남은 사람은 몇 명인지 구하세요.

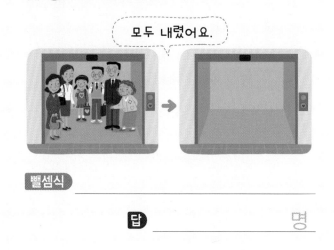

뺄셈식 _____

답 _____ 명

3

덧셈과 뺄셈

79

핵심 **개념** 덧셈과 뺄셈하기

1. 덧셈식에서 규칙 찾기

$4+1=5$
$4+2=6$
$4+3=7$
$4+4=8$

1씩 커짐. └─┘ └─ 1씩 커짐.

→ 더하는 수가 1씩 커지면 합도 **❶**□씩 커집니다.

2. 합이 7인 덧셈식 쓰기

$0+7=7$	$7+0=7$
$1+6=7$	$6+1=7$
$2+5=7$	$5+2=7$
$3+4=7$	$4+3=7$

1씩 커짐. └─┘ └─ 1씩 작아짐.

3. 뺄셈식에서 규칙 찾기

$4-1=3$
$4-2=2$
$4-3=1$
$4-4=0$

1씩 커짐. └─┘ └─ 1씩 작아짐.

① 빼는 수가 1씩 커지면 차는 1씩 작아 집니다.

② 같은 수끼리의 차는 **❷**□입니다.

4. 차가 3인 뺄셈식 쓰기

$8-5=3$	$5-2=3$
$7-4=3$	$4-1=3$
$6-3=3$	$3-0=3$

1씩 작아짐. └─┘ └─ 1씩 작아짐.

참고 식을 보고 알맞은 기호(+, −) 써넣기

① 왼쪽의 두 수보다 계산한 값이 커지면 덧셈식입니다. → $3 ⊕ 4 = 7$

② 가장 왼쪽의 수보다 계산한 값이 작아지면 뺄셈식입니다. → $6 ⊖ 1 = 5$

정답 확인 | ❶ 1 ❷ 0

확인 문제 1~4번 문제를 풀면서 개념 익히기!

1 그림을 보고 □ 안에 알맞은 수를 써넣으세요.

$6+1=$□

$6+2=$□

$6+3=$□

한번 더! 확인 5~8번 유사문제를 풀면서 개념 다지기!

5 그림을 보고 □ 안에 알맞은 수를 써넣으세요.

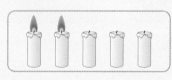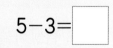

$5-3=$□

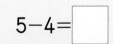

$5-4=$□

$5-5=$□

2 합이 5로 같은 덧셈식을 모두 쓰려고 합니다. □ 안에 알맞은 수를 써넣으세요.

0+□=5	5+□=5
1+□=5	4+□=5
2+□=5	3+□=5

6 차가 5로 같은 뺄셈식을 쓰려고 합니다. □ 안에 알맞은 수를 써넣으세요.

9-□=5	6-□=5
8-□=5	5-□=5
7-□=5	

3 □ 안에 알맞은 것에 ○표 하세요.

5 □ 4=9   (+ , −)

7 ○ 안에 +, −를 알맞게 써넣으세요.

6○2=4

4 의자 앉기 놀이 중입니다. 사람이 4명이면 의자는 3개, 사람이 3명이면 의자는 2개, 사람이 2명이면 의자는 1개가 됩니다. 규칙을 쓰세요.

(1) □ 안에 알맞은 수를 써넣으세요.

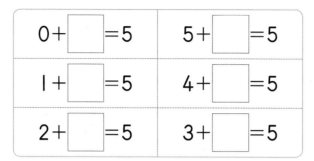

사람 수   의자 수

4−3=□

3−2=□

2−1=□

(2) 사람 수와 의자 수의 규칙을 쓰세요.

따라 쓰세요.

규칙 사람 수와 의자 수의 차는 항상

□ 입니다.

8 서희가 7이라고 말하면 예나는 1이라고 답하고, 서희가 6이라고 말하면 예나는 2라고 답하고, 서희가 5라고 말하면 예나는 3이라고 답합니다. 규칙을 쓰세요.

(1) □ 안에 알맞은 수를 써넣으세요.

서희가 말한 수   예나가 답한 수

7+ 1 =□

6+□=□

5+□=□

(2) 두 사람이 말하는 규칙을 쓰세요.

규칙 서희가 말한 수와 예나가 답한

수의 합은 항상 □ 입니다.

[1~2] 그림을 보고 덧셈과 뺄셈을 하세요.

1   →

$$6+0=\boxed{}$$

2

다 먹었어요.

$$4-4=\boxed{}$$

3 뺄셈을 하세요.

$$8-1=\boxed{}$$

$$8-2=\boxed{}$$

$$8-3=\boxed{}$$

4 계산해 보세요.

(1) $5+0=\boxed{}$ (2) $8-8=\boxed{}$

(3) $0+7=\boxed{}$ (4) $6-0=\boxed{}$

5 그림을 보고 덧셈식을 쓰세요.

덧셈식 $0+\boxed{}=\boxed{}$

6 그림을 보고 뺄셈식을 쓰세요.

뺄셈식 $3-\boxed{}=\boxed{}$

7 빈칸에 알맞은 수를 써넣으세요.

+	1	2	3
6	7		

 문제 해결

8 세 수를 모두 이용하여 만들 수 없는 덧셈
식이나 뺄셈식은 어느 것인가요? (   )

2   4   6

① $2+4=6$ ② $4+2=6$
③ $6-4=2$ ④ $6-2=4$
⑤ $4-2=2$

9 서윤이는 공깃돌 5개를 가지고 있었습니
다. 그중에서 5개를 동생에게 주었습니다.
서윤이에게 남은 공깃돌은 몇 개인가요?

뺄셈식 ⬚ ─ ⬚ = ⬚

답 _____

10 계산 결과가 다른 하나를 찾아 기호를 쓰
세요.

㉠ $9-9$ ㉡ $0+9$ ㉢ $9-0$

(   )

⚡ 추론

11 합이 8이 되는 덧셈식을 만들어 보세요.

⬚ + ⬚ =8

12 계산 결과가 6인 칸에 모두 색칠해 보세요.

$6-0$	$3+3$	$4+2$	$5+2$
$7-1$	$6-6$	$9-3$	$9-6$
$8-2$	$0+6$	$5+1$	$4+4$

🏅 서술형 **中수** 문제 해결의 전략 을 보면서 풀어 보자.

13 3장의 수 카드 중에서 2장을 뽑아 한 번
씩 사용하여 합이 가장 큰 덧셈식을 만들
어 보세요.

7   2   1

❶ 큰 수부터 차례로 쓰기:

⬚ , ⬚ , ⬚

전략 큰 수끼리 더해야 합이 더 크다.

❷ 뽑아야 할 두 수: ⬚ , ⬚

전략 위 ❷에서 뽑은 두 수를 이용하여 덧셈식을 쓰고 계산하자.

❸ 합이 가장 큰 덧셈식:

⬚ + ⬚ = ⬚

덧셈식 _____

키워드 문제

연습 **1-1** 오른쪽 ㉠과 ㉡에 알맞은 수 중에서 더 큰 수의 기호를 쓰세요.

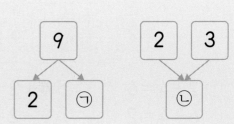

Skill

> 가르기 또는 모으기를 하여 ㉠과 ㉡에 알맞은 수를 구하자.

풀이 ❶ 9를 가르면 ㉠에 알맞은 수는 ☐ 입니다.

❷ 2와 3을 모으면 ㉡에 알맞은 수는 ☐ 입니다.

❸ 7은 5보다 더 크므로 더 큰 수의 기호는 ☐ 입니다.

답 _____

3

덧셈과 뺄셈

84

서술형 高수 ✏️ 가이드 | 문제에서 핵심이 되는 말에 표시하고, 위의 풀이 과정을 따라 풀어 보자.

실전 **1-2** 오른쪽 ㉠과 ㉡에 알맞은 수 중에서 더 큰 수의 기호를 쓰세요.

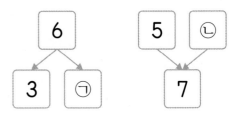

풀이 ❶

❷

❸

답 _____

2-1 태형이네 모둠은 여학생이 2명이고 남학생은 여학생보다 1명 더 많습니다. 태형이네 모둠 학생은 모두 몇 명인가요?

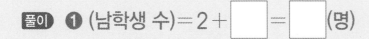
여학생 수에 1을 더해 **남학생 수를 먼저 구하자.**

풀이 ❶ (남학생 수)=2+□=□(명)

❷ (태형이네 모둠 학생 수)=2+□=□(명)

답 _____

3

덧셈과 뺄셈

 **가이드 |** 문제에서 핵심이 되는 말에 표시하고, 위의 풀이 과정을 따라 풀어 보자.

 2-2 윤기가 가지고 있는 빨간색 구슬은 3개이고 초록색 구슬은 빨간색 구슬보다 2개 더 많습니다. 윤기가 가지고 있는 빨간색 구슬과 초록색 구슬은 모두 몇 개인가요?

풀이 ❶

답 _____

키워드 문제

연습 3-1 4장의 수 카드 ⑧ , ⓪ , ⑨ , ⑤ 중에서 둘째로 큰 수와 가장 작은 수의 합을 구하세요.

Skill

 큰 수부터 차례로 썼을 때 둘째 수와 마지막 수를 더하자.

풀이 ❶ 수 카드의 수를 큰 수부터 차례로 쓰기: ☐ , ☐ , ☐ , ☐

❷ 둘째로 큰 수: ☐ , 가장 작은 수: ☐

❸ 둘째로 큰 수와 가장 작은 수의 합: ☐ + ☐ = ☐

답 _____

3

덧셈과 뺄셈

🏅 서술형 高수 🐢 가이드 | 문제에서 핵심이 되는 말에 표시하고, 위의 풀이 과정을 따라 풀어 보자.

실전 3-2 4장의 수 카드 ⑥ , ⓪ , ③ , ⑨ 중에서 가장 큰 수와 둘째로 작은 수의 차를 구하세요.

풀이 ❶

❷

❸

답 _____

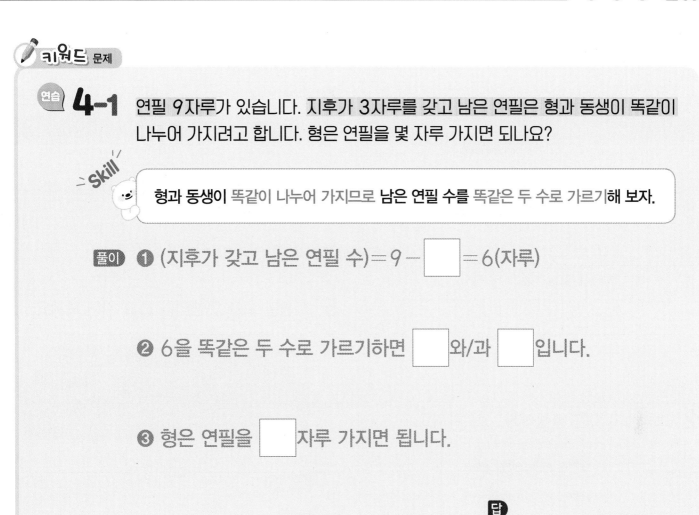

키워드 문제

연습 4-1 연필 9자루가 있습니다. 지후가 3자루를 갖고 남은 연필은 형과 동생이 똑같이 나누어 가지려고 합니다. 형은 연필을 몇 자루 가지면 되나요?

Skill 형과 동생이 똑같이 나누어 가지므로 남은 연필 수를 똑같은 두 수로 가르기해 보자.

풀이 ❶ (지후가 갖고 남은 연필 수)=9−☐=6(자루)

❷ 6을 똑같은 두 수로 가르기하면 ☐와/과 ☐입니다.

❸ 형은 연필을 ☐자루 가지면 됩니다.

답 _____

서술형 高수 **가이드** | 문제에서 핵심이 되는 말에 표시하고, 위의 풀이 과정을 따라 풀어 보자.

실전 4-2 풍선 3개가 있습니다. 피에로가 풍선 1개를 더 불어 줬습니다. 언니와 동생이 똑같이 나누어 가지려면 언니는 풍선을 몇 개 가지면 되나요?

풀이 ❶

❷

❸

답 _____

BOOK❷ 24~25쪽에서 한 번 더 풀기!

1 가르기를 해 보세요.

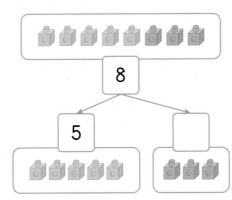

2 그림에 알맞은 뺄셈식에 ○표 하세요.

8−3=5	5−1=4
( )	( )

3 두 수를 바꾸어 더해 보세요.

→ 4+2= ☐

→ 2+4= ☐

4 7을 <u>잘못</u> 가르기한 것을 찾아 ×표 하세요.

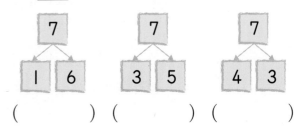

( ) ( ) ( )

5 그림을 보고 덧셈식을 쓰고 읽어 보세요.

덧셈식 4+3= ☐

읽기

6 그림을 보고 뺄셈식을 쓰세요.

달걀 **3**개가 깨졌습니다.

6− ☐ = ☐

⚡ 추론

7 양쪽에 있는 점의 수의 합이 9가 되도록 점을 그려 넣으세요.

(1)  (2)

8 그림을 보고 뺄셈을 하세요.

$7 - 1 = \boxed{}$

$7 - 2 = \boxed{}$

$7 - 3 = \boxed{}$

$\boxed{} - \boxed{} = \boxed{}$

9 합이 같은 것끼리 이어 보세요.

$\boxed{8 + 1}$ •

$\boxed{3 + 4}$ •

$\boxed{5 + 3}$ •

• $\boxed{4 + 3}$

• $\boxed{1 + 8}$

• $\boxed{3 + 5}$

10 ○ 안에 +, −를 알맞게 써넣으세요.

(1) $4 \bigcirc 4 = 0$ (2) $0 \bigcirc 3 = 3$

11 소은이네 학교 방과 후 교실 영어 반은 남학생이 3명, 여학생이 4명입니다. 여학생이 남학생보다 몇 명 더 많은가요?

뺄셈식 $\boxed{} - \boxed{} = \boxed{}$

답 _____

12 차가 5인 식을 모두 찾아 색칠해 보세요.

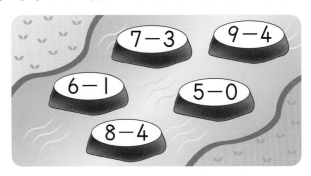

13 그림을 보고 덧셈식과 뺄셈식을 만들어 보세요.

덧셈식 _____

뺄셈식 _____

3
덧셈과 뺄셈

문제 해결

14 수 카드를 골라 덧셈식과 뺄셈식을 만들어 보세요.

$\boxed{1}$ $\boxed{3}$ $\boxed{7}$ $\boxed{1}$ $\boxed{3}$ $\boxed{7}$

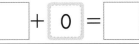
덧셈식 $\boxed{} + \boxed{0} = \boxed{}$

뺄셈식 $\boxed{} - \boxed{0} = \boxed{}$

15 지호와 다은이가 책 펼치기 놀이를 하였습니다. 책을 펼쳤을 때 나온 사람의 수가 더 많은 쪽이 이길 때 이긴 사람은 누구인가요?

난 왼쪽에 2명, 오른쪽에 3명 나왔어.

나는 펼쳤더니 총 4명이 나왔는데.

지호   다은

(   )

16 계산 결과가 가장 큰 것을 찾아 기호를 쓰세요.

㉠ 6−0   ㉡ 3+1   ㉢ 8−8

(   )

17 모아서 7이 되는 두 수를 모두 묶어 보세요.

6	2	4
5	1	3

18 수영장에 어른이 2명, 어린이가 3명 있었습니다. 3명이 더 왔다면 지금 수영장에 있는 사람은 모두 몇 명인가요?

(   )

서술형 **실전**

19 ㉠과 ㉡에 알맞은 수 중에서 더 큰 수의 기호를 쓰려고 합니다. 풀이 과정을 쓰고 답을 구하세요.

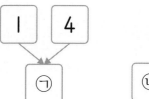

풀이 _____

_____

_____

_____

_____

답 _____

20 3장의 수 카드 중에서 2장을 뽑아 한 번씩 사용하여 합이 가장 큰 덧셈식을 만들려고 합니다. 풀이 과정과 덧셈식을 쓰세요.

3	1	6

풀이 _____

_____

_____

_____

덧셈식 _____

틀린 그림을 찾아라!

🔍 스마트폰으로 QR코드를 찍으면 정답이 보여요.

🍎 기차 여행엔 구운 달걀이 최고! 두 그림에서 서로 다른 **3**곳을 찾아 ○표 하세요.

맛있겠다. 나도 오늘 집에서 구운 달걀 먹어야지.

달걀 6개를 사서 2개를 먹었네.

남은 달걀 수는 6 − ☐ = ☐ (으)로 구할 수 있겠다.

그림에 보이는 사람이 총 7명이고, 여자는 4명이네.

그럼 그림에 보이는 남자 수는

7 − ☐ = ☐ (으)로 구할 수 있겠다.

비교하기

수학 처방전

큐알 코드를 찍으면 개념 학습 영상도 보고,
수학 게임도 할 수 있어요.

핵심 개념 길이 비교하기

1. 두 가지 물건의 길이 비교

한쪽 끝을 맞추고 다른 쪽 끝을 비교합니다.

 연필 **더 길다**

 클립 **더 짧다**

 한쪽 끝을 맞추었을 때
다른 쪽 끝이 남는 것이 더 길어.

연필은 클립보다 더 ❶ [   ].

클립은 연필보다 더 짧습니다.

2. 세 가지 물건의 길이 비교

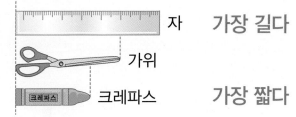 자 **가장 길다**

가위

크레파스 **가장 짧다**

한쪽 끝을 맞추었을 때 다른 쪽 끝이
가장 많이 남는 것이 가장 길어.

자가 가장 깁니다.

크레파스가 가장 ❷ [   ].

정답 확인 | ❶ 깁니다 ❷ 짧습니다

확인 문제 1~5번 문제를 풀면서 개념 익히기!

1 더 긴 것에 ○표 하세요.

(   )

(   )

2 더 짧은 것에 △표 하세요.

(   )

(   )

한번 더! 확인 6~10번 유사문제를 풀면서 개념 다지기!

6 더 긴 것에 색칠해 보세요.

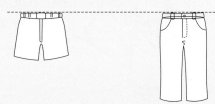

7 더 짧은 것에 색칠해 보세요.

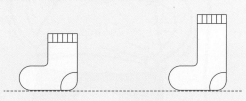

3 길이를 비교하여 □ 안에 알맞은 말을 써넣으세요.

동물원 　더 길다

놀이공원 　더 ☐

4 그림을 보고 알맞은 말에 ◯표 하세요.

버스

승용차

버스는 승용차보다
　　　더 (깁니다 , 짧습니다).

5 김밥의 왼쪽 끝을 맞추어 놓았습니다. 가장 긴 김밥을 찾아 기호를 쓰세요.

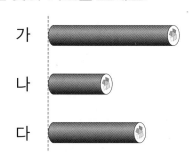

가

나

다

(1) 오른쪽 끝이 가장 많이 남는 김밥을 찾아 기호를 쓰세요.

　　　　　(　　　　　)

(2) 가장 긴 김밥을 찾아 기호를 쓰세요.

　　　　　(　　　　　)

8 관계있는 것끼리 이어 보세요.

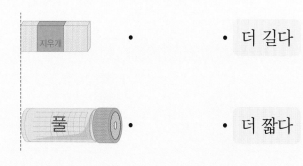

지우개 　　•

풀 　　•

• 더 길다

• 더 짧다

9 그림을 보고 알맞은 말에 ◯표 하세요.

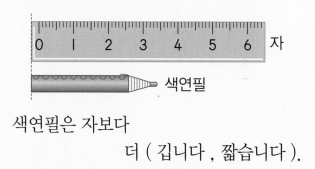

자

색연필

색연필은 자보다
　　　더 (깁니다 , 짧습니다).

🏅 서술형 **下수**

10 가장 긴 물건을 찾아 쓰세요.

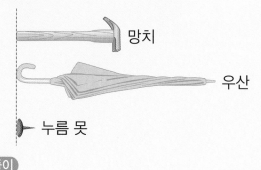

망치

우산

누름 못

[풀이]

왼쪽 끝이 맞추어져 있으므로 ☐ 쪽

끝이 가장 많이 남는 ☐ 이/가 가장

깁니다.

답 _____

4

1. 키 비교하기

(1) 두 사람의 키 비교

더 작다   더 크다

아래쪽 끝이 맞추어져 있으므로 위쪽 끝을 비교합니다.

(2) 세 동물의 키 비교

가장 **①**☐   가장 크다

2. 높이 비교하기

(1) 두 가지 물건의 높이 비교

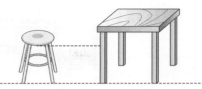

더 낮다   더 높다

(2) 세 건물의 높이 비교

가장 낮다   가장 **②**☐

정답 확인 | **①** 작다   **②** 높다

확인 문제 · 1~5번 문제를 풀면서 개념 익히기!

1 키가 더 큰 사람에 ○표 하세요.

(   )   (   )

2 더 낮은 것에 △표 하세요.

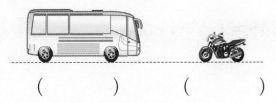

(   )   (   )

한번 더! 확인 · 6~10번 유사문제를 풀면서 **개념 다지기!**

6 어느 동물의 키가 더 큰가요?

곰   토끼

(   )

7 더 낮은 건물의 기호를 쓰세요.

가   나

(   )

3 높이를 비교하여 □ 안에 알맞은 말을 써넣으세요.

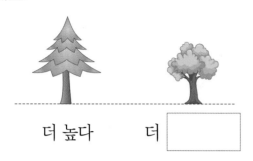

더 높다   더 □

8 키를 비교하여 □ 안에 알맞은 말을 써넣으세요.

더 크다   더 □

4 키를 비교하여 □ 안에 알맞은 이름을 써넣으세요.

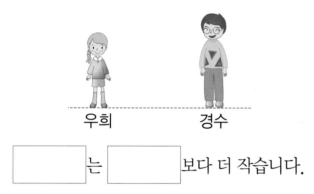

우희   경수

□ 는 □ 보다 더 작습니다.

9 높이를 비교하여 □ 안에 알맞은 장소를 써넣으세요.

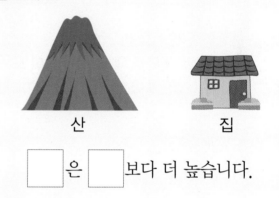

산   집

□ 은 □ 보다 더 높습니다.

서술형 下슈

5 건물의 아래쪽 끝이 맞추어져 있습니다. 가장 높은 건물을 찾아 쓰세요.

우체국   은행   병원

(1) 어느 건물의 위쪽 끝이 가장 많이 남나요?

(   )

(2) 어느 건물이 가장 높은가요?

(   )

10 키가 가장 작은 동물을 찾아 쓰세요.

기린   사슴   타조

풀이

□ 쪽 끝이 맞추어져 있으므로

위쪽 끝을 비교하면 □ 이/가 가장

작습니다.

답 _____

4

비교하기

97

핵심 개념 무게 비교하기

1. 두 가지 물건의 무게 비교

가위   집게

더 무겁다   더 가볍다

가위는 집게보다 더 무겁습니다.
집게는 가위보다 더

❶ [   ].

2. 세 가지 물건의 무게 비교

무   감자   고추

가장 무겁다   **가장 가볍다**

무가 가장 ❷ [   ].

고추가 가장 가볍습니다.

참고 **무게 직접 비교하기**
① 손으로 들었을 때 힘이 더 많이 드는 쪽이 더 무겁습니다.
② 저울 또는 시소에서 비교할 때 아래로 내려간 쪽이 더 무겁습니다.

정답 확인 | ❶ 가볍습니다   ❷ 무겁습니다

확인 문제 1~5번 문제를 풀면서 개념 익히기!

1 더 가벼운 쪽에 △표 하세요.

(   )   (   )

2 그림을 보고 알맞은 말에 ○표 하세요.

샌드위치   사탕

더 무거운 것은
(샌드위치 , 사탕)입니다.

한번 더! 확인 6~10번 유사문제를 풀면서 개념 다지기!

6 더 무거운 것의 기호를 쓰세요.

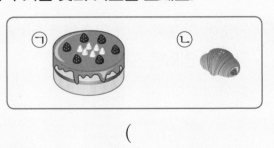

(   )

7 그림을 보고 알맞은 말에 ○표 하세요.

풍선   농구공

풍선은 농구공보다 더
(무겁습니다 , 가볍습니다).

3 무게를 비교하여 □ 안에 알맞은 말을 써넣으세요.

더 무겁다   더 ☐

4 더 무거운 것에 ○표 하세요.

(   ) (   )

5 가장 가벼운 악기를 찾아 쓰세요.

리코더   북   첼로

(1) 알맞은 말에 ○표 하세요.

손으로 들었을 때 힘이 적게 들수록
(무거운 , 가벼운) 것입니다.

(2) 어느 악기가 가장 가벼운가요?

(   )

8 관계있는 것끼리 이어 보세요.

•   •

•   •

더 무겁다   더 가볍다

9 어느 것이 더 가벼운가요?

참외

배

(   )

서술형 下수

10 가장 무거운 도구를 찾아 쓰세요.

송곳   못   망치

풀이

손으로 들었을 때 힘이 많이 들수록
(무거운 , 가벼운) 것이므로

가장 무거운 도구는 ☐ 입니다.

답 _____

1 더 긴 것에 ○표 하세요.

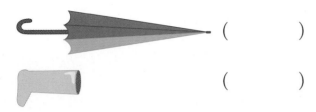

(   )

(   )

2 키가 더 작은 동물에 △표 하세요.

(   )   (   )

3 더 낮은 것의 기호를 쓰세요.

가   나

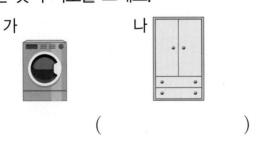

(   )

4 그림을 보고 알맞은 말에 ○표 하세요.

야구공   축구공

더 무거운 것은 (야구공 , 축구공)입니다.

5 높이를 비교하여 □ 안에 알맞은 말을 써넣으세요.

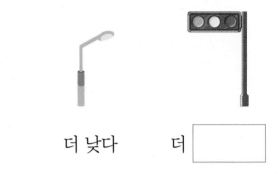

더 낮다   더 ☐

6 그림을 보고 알맞은 말에 ○표 하세요.

빌딩은 나무보다 더 (높습니다 , 낮습니다).

7 더 가벼운 것에 △표 하세요.

(   )   (   )

비교하기

8 어느 것이 더 짧은가요?

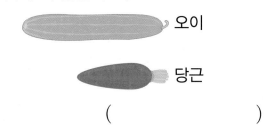

오이

당근

(   )

🔴 실생활 연결

9 시소에 사람이 타고 있습니다. 더 무거운 사람에 ○표 하세요.

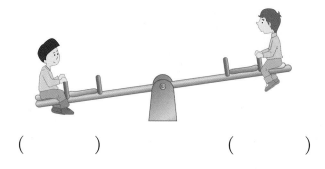

(   )   (   )

⚡ 추론

10 가위보다 더 긴 선을 그어 보세요.

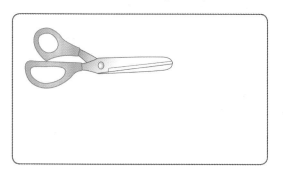

11 관계있는 것끼리 이어 보세요.

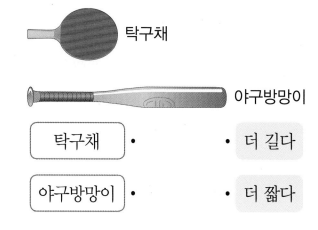

탁구채

야구방망이

| 탁구채 | • | | • | 더 길다 |

| 야구방망이 | • | | • | 더 짧다 |

🏅 서술형 中수   문제 해결의 전략 을 보면서 풀어 보자.

12 한 자루에는 빈 플라스틱병이, 다른 자루에는 빈 유리병이 가득 들어 있습니다. 빈 플라스틱병과 빈 유리병 중 은서가 잡은 자루 안에는 어떤 것이 들어 있나요?

은서   지호

전략 자루 안의 물건이 무거울수록 들어 올리기 어렵다.

❶ 은서가 잡은 자루가 더 (무거워 , 가벼워) 보입니다.

전략 빈 유리병은 빈 플라스틱병보다 더 무겁다.

❷ 은서가 잡은 자루 안에는 빈 (플라스틱병 , 유리병)이 들어 있습니다.

 답 _____

13 다음 중 무게를 비교하는 말을 찾아 ○표 하세요.

낮다	무겁다
( )	( )

크다	짧다
( )	( )

16 관계있는 것끼리 이어 보세요.

가장 길다   가장 짧다

14 더 긴 것을 찾아 기호를 쓰세요.

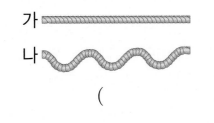

가

나

( )

17 왼쪽 동물보다 키가 더 작은 동물에 △표 하세요.

( ) ( )

15 가장 높은 것을 찾아 ○표 하세요.

( ) ( ) ( )

18 풀보다 더 긴 것을 모두 찾아 ○표 하세요.

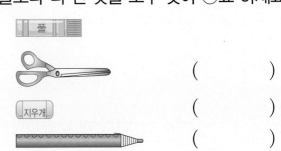

( )

( )

( )

19 높이가 높은 것부터 순서대로 |, 2, 3을 쓰세요.

(   ) (   ) (   )

20 □ 안에 들어갈 수 있는 것을 모두 찾아 ○표 하세요.

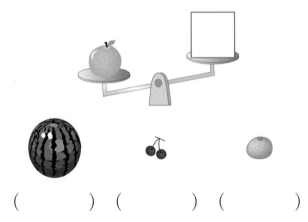

(   ) (   ) (   )

21 □ 안에 알맞은 기호를 써넣으세요.

가   나

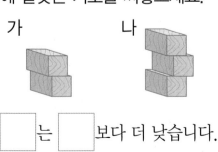

□ 는 □ 보다 더 낮습니다.

22 색연필과 프라이팬을 각각 종이 받침대 위에 올려놓았습니다. 어느 것이 더 무거운가요?

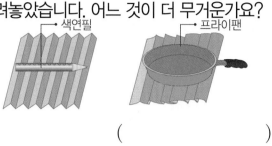

← 색연필   ← 프라이팬

(   )

⚡ 추론

23 가장 무거운 것을 찾아 색칠해 보세요.

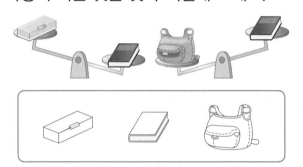

🏅 서술형 **中수**   문제 해결의 **전략** 을 보면서 풀어 보자.

24 키가 가장 작은 사람을 찾아 이름을 쓰세요.

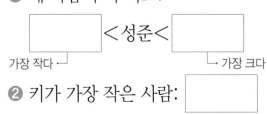

성준   광희   승재

전략   위쪽 끝이 맞추어져 있으므로 아래쪽 끝을 비교하자.

❶ 세 사람의 키 비교:

□ < 성준 < □

└ 가장 작다   └ 가장 크다

❷ 키가 가장 작은 사람: □

답 _____

BOOK❷ 26~28쪽에서 한 번 더 풀기! 😊

4

비교하기

103

핵심 개념 넓이 비교하기

1. 두 가지 물건의 넓이 비교

 →

달력   수첩

더 넓다   더 좁다

 한쪽 끝을 맞추어 겹쳐 맞대어 보았을 때 남는 부분이 있는 것이 더 넓고, 모자라는 것이 더 좁아.

> 달력은 수첩보다 더 넓습니다.
> 수첩은 달력보다 더
>
> | ❶ |
> | --- |

2. 세 가지 물건의 넓이 비교

↓

동화책   공책   색종이

가장 넓다   **가장 좁다**

> 동화책이 가장 넓습니다.
> 색종이가 가장
>
> | ❷ |
> | --- |

정답 확인 | ❶ 좁습니다   ❷ 좁습니다

확인 문제 1~5번 문제를 풀면서 개념 익히기!

1 더 좁은 나뭇잎에 △표 하세요.

(   )   (   )

2 더 넓은 것에 색칠해 보세요.

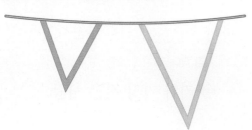

한번 더! 확인 6~10번 유사문제를 풀면서 개념 다지기!

6 더 좁은 것의 기호를 쓰세요.

가   나   ┌ 다트판

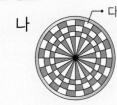

(   )

7 더 넓은 것에 ○표 하세요.

축구 골대   농구 골대

(   )   (   )

3 넓이를 비교하여 □ 안에 알맞은 말을 써넣으세요.

└ 색종이

더 넓다　　　더 □

8 넓이를 비교하여 □ 안에 알맞은 말을 써넣으세요.

더 □　　　더 좁다

4 그림을 보고 알맞은 말에 ○표 하세요.

액자　　　휴대 전화

액자는 휴대 전화보다
　　더 (넓습니다 , 좁습니다).

9 그림을 보고 알맞은 말에 ○표 하세요.

손수건　　　방석

손수건은 방석보다
　　더 (넓습니다 , 좁습니다).

5 그림을 보고 물음에 답하세요.

교실　　　학교 운동장　　　욕실

(1) 알맞은 말에 ○표 하세요.

> 교실은
> 학교 운동장보다 (넓고 , 좁고),
> 욕실보다 (넓습니다 , 좁습니다).

(2) 가장 좁은 곳은 어디인가요?

(　　　　　)

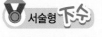 서술형 下수

10 가장 좁은 것을 찾아 쓰세요.

동화책　　　수첩　　　그림책

풀이

겹쳐 맞대어 보았을 때 가장 많이
(모자라는 , 남는) 것이 가장 좁습니다.

가장 좁은 것은 □ 입니다.

답 ＿＿＿＿＿＿＿＿＿＿

핵심 개념 담을 수 있는 양 비교하기 / 담긴 양 비교하기

1. 담을 수 있는 양 비교하기

(1) 두 가지 그릇에 담을 수 있는 양 비교

가   나

더 많다   더 적다

> 가는 나보다 담을 수 있는 양이
> 더 많습니다.
> 나는 가보다 담을 수 있는 양이
> 더 적습니다.

(2) 세 가지 그릇에 담을 수 있는 양 비교

가장 많다   **가장 적다**

2. 담긴 양 비교하기

(1) 그릇의 모양과 크기가 같을 때
물의 높이가 높을수록 그릇에 담긴 양
이 더 많습니다.

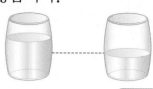

더 많다   더 ❶ ☐

(2) 물의 높이가 같을 때
그릇의 크기가 클수록 담긴 양이 더 많
습니다.

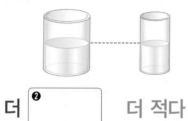

더 ❷ ☐   **더 적다**

정답 확인 | ❶ 적다   ❷ 많다

106

확인 문제 1~5번 문제를 풀면서 개념 익히기!

1 담을 수 있는 양이 더 많은 것에 ○표 하세요.

(   )   (   )

2 담긴 물의 양이 더 많은 것에 ○표 하세요.

(   )   (   )

한번 더! 확인 6~10번 유사문제를 풀면서 개념 다지기!

6 담을 수 있는 양이 더 적은 것에 △표 하세요.

   욕조    ← 세면대

(   )   (   )

7 담긴 물의 양이 더 적은 것에 △표 하세요.

(   )   (   )

3 담을 수 있는 양을 비교하여 □ 안에 알맞은 말을 써넣으세요.

더 많다   더 [   ]

8 담을 수 있는 양을 비교하여 □ 안에 알맞은 말을 써넣으세요.

더 적다   더 [   ]

4 그림을 보고 알맞은 말에 ○표 하세요.

양동이   국자

담을 수 있는 양이 더 적은 것은
(양동이 , 국자)입니다.

9 그림을 보고 알맞은 말에 ○표 하세요.

물병   컵

담을 수 있는 양이 더 많은 것은
(물병 , 컵)입니다.

5 담긴 물의 양이 가장 적은 것을 찾으려고 합니다. 그림을 보고 물음에 답하세요.

①   ②   ③

(1) 그릇의 모양과 크기가 같을 때 담긴 물의 양을 비교하려면 물의 무엇을 비교해야 하나요?

(높이 , 색깔)

(2) 담긴 물의 양이 가장 적은 그릇을 찾아 번호를 쓰세요.

(   )

 서술형 下수

10 담긴 물의 양이 가장 많은 것을 찾아 기호를 쓰세요.

㉠  ㉡   ㉢

 풀이

컵의 모양과 크기가 같으므로 물의
(냄새 , 높이)를 비교합니다.

➡ 담긴 물의 양이 가장 많은 것의 기호:

[   ]

🅑 답 _____

1 더 넓은 것에 ○표 하세요.

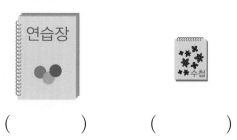

(　　　)　　　(　　　)

2 담을 수 있는 양이 더 많은 그릇에 ○표 하세요.

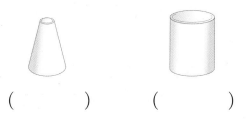

(　　　)　　　(　　　)

3 관계있는 것끼리 이어 보세요.

　　·

　　·　더 넓다

　　·

　　·　더 좁다

4 그림을 보고 알맞은 말에 ○표 하세요.

주전자　　　　컵

컵은 주전자보다 담을 수 있는 양이 더 (많습니다 , 적습니다).

5 왼쪽처럼 큰 거울을 담을 수 있는 상자를 그려 보세요.

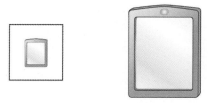

6 가장 넓은 것에 ○표, 가장 좁은 것에 △표 하세요.

(　　) 　(　　) 　(　　)

7 담긴 물의 양을 바르게 비교한 사람의 이름을 쓰세요.

가　　　　나

물의 높이가 같으므로 담긴 물의 양도 같아.

하린

물의 높이가 같으므로 그릇의 크기가 더 큰 나에 담긴 물의 양이 더 많아.

도윤

(　　　　　)

8 담을 수 있는 양이 가장 많은 것부터 순서대로 1, 2, 3을 쓰세요.

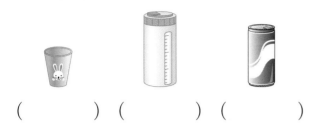

(   ) (   ) (   )

9 [보기]에서 알맞은 장소를 찾아 □ 안에 써 넣으세요.

축구장보다 더 좁은 곳은

| |
| |

입니다.

⚡ 추론

10 모양과 크기가 같은 컵이 있습니다. ▨ 안의 말에 알맞게 오른쪽 컵 안에 물을 그려 보세요.

| 더 적다 | 더 많다 |

⚡ 추론

11 주어진 색종이로 완전히 가릴 수 있는 그림에 ○표 하세요.

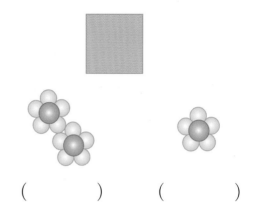

(   )   (   )

🏅 서술형 **中수**   문제 해결의 전략을 보면서 풀어 보자.

12 승희와 나영이가 각자 모양과 크기가 같은 컵에 물을 가득 따라 마시고 남은 것입니다. 물을 더 많이 마신 사람의 이름을 쓰세요.

승희   나영

전략 ⟩ 물을 마시면 컵에 남은 물의 양이 줄어든다.

❶ 남은 물의 양이 적을수록 마신 물의 양이 (많습니다 , 적습니다).

전략 ⟩ 컵에 남은 물의 양을 비교하자.

❷ 남은 물의 양이 더 적은 사람:

| |
| |

❸ 물을 더 많이 마신 사람: ☐

 답 _____

BOOK❷ 29~31쪽에서 한 번 더 풀기!

키워드 문제

^{연습} **1-1** 태희네 집에서 버스 정류장까지 가는 길은 3가지입니다. 가장 짧은 길을 찾아 기호를 쓰세요.

태희네 집   버스 정류장

Skill

> 양쪽 끝이 맞추어져 있을 때는 적게 구부러질수록 더 짧다.

풀이 ❶ 길이 적게 구부러질수록 더 (깁니다 , 짧습니다).

❷ 가장 적게 구부러진 길은 ☐ 입니다.

❸ 가장 짧은 길의 기호: ☐

답 ＿＿＿＿＿＿＿＿＿＿＿

4

비교하기

 서술형 高수   ^{가이드} | 문제에서 핵심이 되는 말에 표시하고, 위의 풀이 과정을 따라 풀어 보자.

^{실전} **1-2** 정우네 집에서 학교까지 가는 길은 3가지입니다. 가장 긴 길을 찾아 기호를 쓰세요.

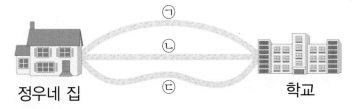

정우네 집   학교

풀이 ❶

❷

❸

답 ＿＿＿＿＿＿＿＿＿＿＿

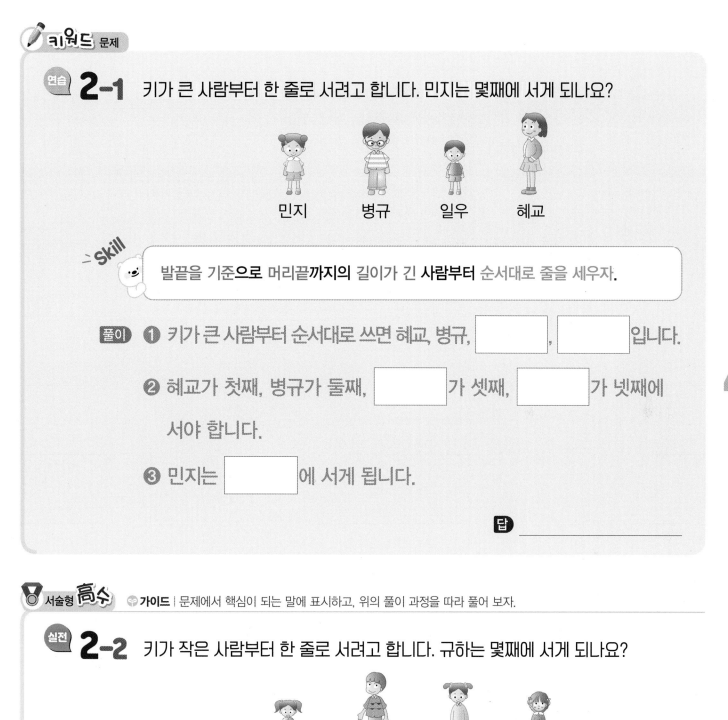

키워드 문제

연습 **2-1** 키가 큰 사람부터 한 줄로 서려고 합니다. 민지는 몇째에 서게 되나요?

민지   병규   일우   혜교

Skill
발끝을 기준으로 머리끝까지의 길이가 긴 **사람부터** 순서대로 줄을 세우자.

풀이 ❶ 키가 큰 사람부터 순서대로 쓰면 혜교, 병규, ☐, ☐ 입니다.

❷ 혜교가 첫째, 병규가 둘째, ☐ 가 셋째, ☐ 가 넷째에 서야 합니다.

❸ 민지는 ☐ 에 서게 됩니다.

답 ＿＿＿＿＿＿＿＿＿＿＿＿

4

비교하기

111

 서술형 高수   가이드 | 문제에서 핵심이 되는 말에 표시하고, 위의 풀이 과정을 따라 풀어 보자.

실전 **2-2** 키가 작은 사람부터 한 줄로 서려고 합니다. 규하는 몇째에 서게 되나요?

우리   규하   영지   현주

풀이 ❶

❷

❸

답 ＿＿＿＿＿＿＿＿＿＿＿＿

키워드 문제

연습 3-1 오른쪽 그림과 같이 작은 한 칸의 크기가 모두 같은 화단에 개나리, 진달래, 튤립을 심었습니다. 가장 넓은 부분에 심은 것은 무엇인가요?

개	나	리		
			튤	립
진	달	래		

Skill

작은 한 칸의 크기가 모두 같을 때 칸 수가 많을수록 더 넓어.

 예 가   나   → 가는 3칸, 나는 4칸이므로 나가 더 넓다.

풀이 ❶ 심은 칸 수가 많을수록 더 (넓은 , 좁은) 부분에 심은 것입니다.

❷ 개나리: 4칸, 진달래: ☐칸, 튤립: ☐칸

❸ 가장 넓은 부분에 심은 것은 ☐ 입니다.

답 _____

112

 서술형 高수   🔗 **가이드** | 문제에서 핵심이 되는 말에 표시하고, 위의 풀이 과정을 따라 풀어 보자.

실전 3-2 오른쪽 그림과 같이 작은 한 칸의 크기가 모두 같은 화단에 장미, 민들레, 철쭉을 심었습니다. 가장 좁은 부분에 심은 것은 무엇인가요?

		민	들	레
장	미			
			철	쭉

풀이 ❶

❷

❸

답 _____

4

비교하기

 문제

연습 **4-1** 은우, 슬기, 태오 중에서 가장 무거운 사람은 누구인가요?

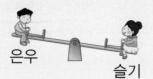 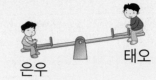

은우   슬기   은우   태오

 Skill

그림에서 <u>두 번 나오는 사람</u>을 기준으로 정해 **둘씩 비교하자.**
└→ 은우

풀이 ❶ 은우는 슬기보다 더 (무겁습니다 , 가볍습니다).

은우는 태오보다 더 (무겁습니다 , 가볍습니다).

❷ 가장 무거운 사람: ☐

답 _____

4

비교하기

113

서술형 高수   가이드 | 문제에서 핵심이 되는 말에 표시하고, 위의 풀이 과정을 따라 풀어 보자.

실전 **4-2** 보라, 윤아, 규리 중에서 가장 가벼운 사람은 누구인가요?

보라   윤아   규리   보라

풀이 ❶

❷

답 _____

BOOK❷ 32~33쪽에서 한 번 더 풀기!

1 더 짧은 것에 △표 하세요.

(   )

(   )

2 더 높은 것에 ○표 하세요.

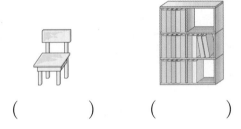

(   )   (   )

3 더 넓은 것에 ○표 하세요.

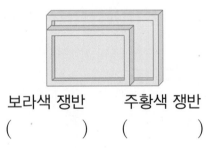

보라색 쟁반   주황색 쟁반
(   )   (   )

4 담을 수 있는 양이 더 많은 것의 기호를 쓰세요.

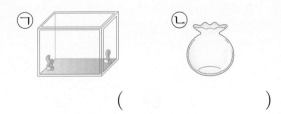

(   )

5 관계있는 것끼리 이어 보세요.

더 작다   더 크다

6 그림을 보고 알맞은 말에 ○표 하세요.

수학
1-1

휴대 전화는 수학책보다
더 (넓습니다 , 좁습니다).

7 물건을 이어 붙인 길이가 더 긴 것의 기호를 쓰세요.

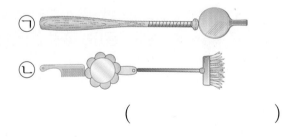

(   )

8 왼쪽 텔레비전보다 더 무거운 것에 ○표 하세요.

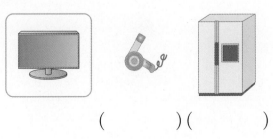

(   ) (   )

9 □ 안에 들어갈 수 있는 쌓기나무를 찾아 ○표 하세요.

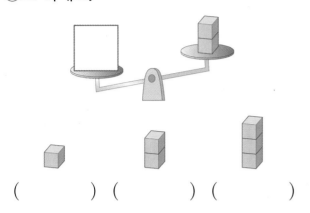

(   ) (   ) (   )

10 담을 수 있는 양이 많은 것부터 순서대로 1, 2, 3을 쓰세요.

(   ) (   ) (   )

11 왼쪽 모양보다 더 넓고 오른쪽 모양보다 더 좁은 □ 모양을 빈 곳에 그려 보세요.

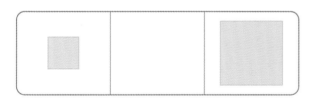

12 □ 안에 알맞은 말을 써넣으세요.

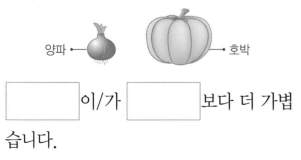

양파   호박

[   ] 이/가 [   ] 보다 더 가볍습니다.

⚡ 추론

13 관계있는 것끼리 이어 보세요.

 지유

나는 가장 적게 담긴 것을 마실 거야. ·   ·

 지호

나는 지유보다 많이 담긴 것을 마실 거야. ·   ·

 다은

나는 지호보다 많이 담긴 것을 마실 거야. ·   ·

🔴 실생활 연결

14 1부터 6까지 순서대로 이어 보고 더 넓은 쪽에 ○표 하세요.

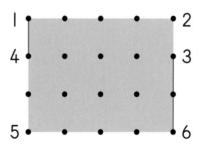

15 키가 가장 큰 사람을 찾아 이름을 쓰세요.

상균   아름   병하

(   )

4
비교하기

16 가장 긴 것에 ○표, 가장 짧은 것에 △표 하세요.

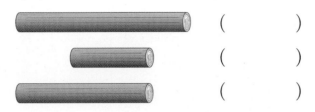

(   )

(   )

(   )

17 왼쪽 연필보다 더 긴 것을 모두 찾아 ○표 하세요.

(   ) (   ) (   ) (   )

18 각각의 상자 위에 앉았던 동물은 무엇일지 이어 보세요.

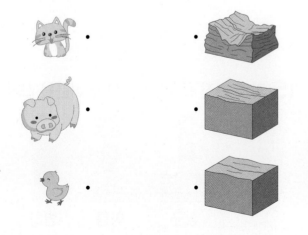

서술형 **실전**

19 동원이와 민지가 각자 모양과 크기가 같은 컵에 주스를 가득 따라 마시고 남은 것입니다. 주스를 더 적게 마신 사람은 누구인지 풀이 과정을 쓰고 답을 구하세요.

동원   민지

풀이

답

20 작은 한 칸의 크기가 모두 같은 밭에 감자, 고구마, 옥수수를 심었습니다. 가장 넓은 부분에 심은 것은 무엇인지 풀이 과정을 쓰고 답을 구하세요.

		고	구	마
		옥	수	수
감	자			

풀이

답

틀린 그림을 찾아라!

스마트폰으로 QR코드를
찍으면 정답이 보여요.

🍎 놀이터에 놀러 온 수아와 우진이가 시소에 앉아 있습니다. 두 그림에서 서로 다른 **3**곳을 찾아 ○표 하세요.

빨간색 그네와 파란색 그네 중 길이가 더 긴 그네는 무슨 색 그네일까?

그네의 위쪽 끝이 맞추어져 있으므로 아래쪽 끝을 비교해 보면 더 긴 그네는 (빨간색 , 파란색) 그네야.

시소에 앉아 있는 수아와 우진이 중 더 무거운 사람은 누구일까?

시소에서 더 (무거운 , 가벼운) 쪽이 아래로 내려가므로

더 무거운 사람은 ☐☐☐☐ (이)야.

5 50까지의 수

수학 처방전

핵심 개념 10 알아보기

1. 10 알아보기

9보다 ❶ ☐ 만큼 더 큰 수 → 쓰기 **10** 읽기 십, 열

2. 10을 여러 가지 방법으로 세어 보기

지우개를 왼쪽부터 세어 보자!

1	2	3	4	5	6	7	8	9	10
일	이	삼	사	오	육	칠	팔	구	십
하나	둘	셋	넷	다섯	여섯	일곱	여덟	아홉	❷

참고
- 10을 알맞게 읽기
  10일 → 십 일
  10층 → 십 층
  10살 → 열 살
  10개 → 열 개

정답 확인 | ❶ 1 ❷ 열

확인 문제 1~5번 문제를 풀면서 개념 익히기!

1 그림을 보고 ☐ 안에 알맞은 수를 써넣으세요.

9보다 1만큼 더 큰 수는 ☐ 입니다.

2 수로 나타내 보세요.

열 → (   )

한번 더! 확인 6~10번 유사문제를 풀면서 개념 다지기!

6 그림을 보고 ☐ 안에 알맞은 수를 써넣으세요.

8보다 2만큼 더 큰 수는 ☐ 입니다.

7 10을 바르게 읽은 것에 ○표 하세요.

10 → (구 , 십 , 칠)

3 그림을 보고 □ 안에 알맞은 수를 써넣으세요.

사탕은 모두 ☐ 개입니다.

8 그림을 보고 □ 안에 알맞은 수를 써넣으세요.

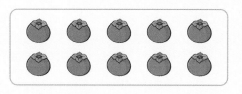

감은 모두 ☐ 개입니다.

4 I0이 되도록 ○를 그려 보세요.

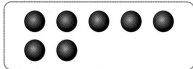

9 I0이 되도록 □를 그려 보세요.

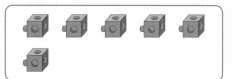

5 밑줄 친 I0을 알맞게 읽은 것에 ○표 하세요.

엄마의 생신은 4월 I0일입니다.

(열 , 십)

10 밑줄 친 I0을 알맞게 읽은 것에 ○표 하세요.

(1) 누나는 I0살이야.

(열 , 십)

(2) 과자가 I0개 있어.

(열 , 십)

핵심 **개념** 10 모으기와 가르기

1. 10 모으기

 빨간색 깃발 5개와 파란색 깃발 5개를
모으면 10개가 돼!

2. 10 가르기

 색연필 10자루는 초록색 색연필 7자루와
빨간색 색연필 3자루로 가르기를 할 수 있어!

참고 여러 가지 방법으로 10 모으기와 가르기

참고 많은 것과 적은 것 알아보기

은 보다 많습니다.

는 보다 적습니다.

정답 확인 | ❶ 3   ❷ 1

50까지의 수

122

확인 문제 1~4번 문제를 풀면서 개념 익히기!

1 그림을 보고 모으기를 하여 빈칸에 알맞은
수를 써넣으세요.

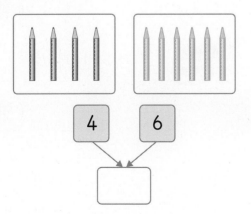

한번 더! 확인 5~8번 유사문제를 풀면서 개념 다지기!

5 그림을 보고 가르기를 하여 빈칸에 알맞은
수를 써넣으세요.

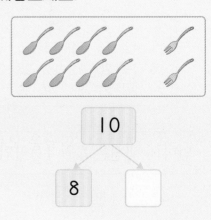

2 그림을 보고 □ 안에 알맞은 수를 써넣으세요.

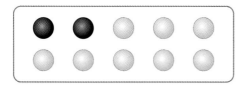

2와 [ ] 을/를 모으면 10이 됩니다.

6 그림을 보고 □ 안에 알맞은 수를 써넣으세요.

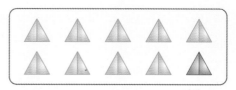

10은 9와 [ ] (으)로 가르기할 수 있습니다.

3 모으기를 하려고 합니다. 빈 곳에 알맞은 수만큼 ○를 그려 보세요.

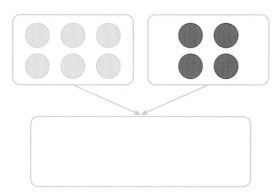

7 10을 가르기하려고 합니다. 빈 곳에 알맞은 수만큼 □를 그려 보세요.

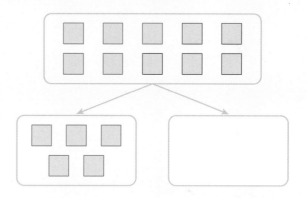

4 필통에 연필이 7자루 들어 있는데 3자루를 더 넣었습니다. 필통에 들어 있는 연필은 모두 **몇 자루**인가요?

(1) 두 수를 모으기해 보세요.

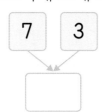

(2) 필통에 들어 있는 연필은 모두 몇 자루인가요?

꼭 단위까지 따라 쓰세요.

(자루   )

🏅 서술형 下수

8 재석이는 젤리를 8개 가지고 있었는데 2개를 더 샀습니다. 재석이가 가지고 있는 젤리는 모두 **몇 개**인가요?

풀이

8과 2를 모으면 [ ] 이/가 됩니다.

재석이가 가지고 있는 젤리는 모두

[ ] 개입니다.

답 _____ 개

1 그림을 보고 □ 안에 알맞은 수를 써넣으세요.

9보다 1만큼 더 큰 수는 □ 입니다.

2 10개인 것을 모두 찾아 ○표 하세요.

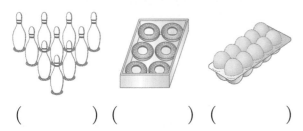

(   ) (   ) (   )

3 10이 되도록 색칠해 보세요.

4 수를 세어 쓰고 2가지 방법으로 읽어 보세요.

쓰기 _____

읽기 _____ , _____

5 그림을 보고 10을 두 수로 바르게 가르기 한 것에 ○표 하세요.

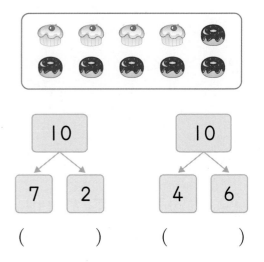

10 → 7 2   10 → 4 6

(   )   (   )

6 모으기와 가르기를 하여 빈칸에 알맞은 수를 써넣으세요.

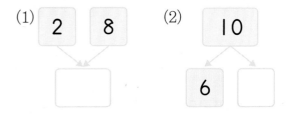

(1) 2 8 → □

(2) 10 → 6 □

🔵 실생활 연결

7 밑줄 친 10을 알맞게 읽은 것에 ○표 하세요.

(1) 종이배를 <u>10</u>개 접었습니다.

(십 , 열)

(2) 내 번호는 <u>10</u>번이야.

(십 , 열)

8 I0이 되도록 ♡를 더 그리고, □ 안에 알맞은 수를 써넣으세요.

6과 ☐ 을/를 모으면 I0이 됩니다.

9 모아서 I0이 되는 두 수를 찾아 이어 보세요.

 1 · · 7

2 · · 9

3 · · 8

정보처리

10 지유는 복숭아 ㉠과 ㉡ 중에서 ㉠을 샀습니다. 바르게 설명한 말에 ○표 하세요.

 ㉠  ㉡

 지유

나는 복숭아가 더 (많은 , 큰) 것을 샀어.

11 I0을 가르기한 것입니다. ㉠과 ㉡ 중 더 작은 수는 어느 것인지 기호를 쓰세요.

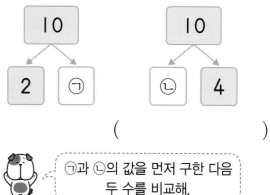

( )

㉠과 ㉡의 값을 먼저 구한 다음 두 수를 비교해.

서술형 **中수** 문제 해결의 **전략** 을 보면서 풀어 보자.

12 ★에 알맞은 수를 구하세요.

3과 ★을 모으면 I0이 됩니다.

전략 3과 모아서 I0이 되는 수를 구하자.

❶ 3과 모아서 I0이 되는 수 구하기

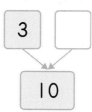
3 ☐

I0

→ 3과 ☐ 을 모으면 I0이 됩니다.

❷ ★에 알맞은 수: ☐

답 _____

5

50까지의 수

BOOK❷ 34~35쪽에서 한 번 더 풀기!

핵심 개념 십몇 알아보기

1. 10개씩 묶음 1개와 낱개로 나타내기

(1) 연결 모형으로 알아보기

10개씩 묶음 1개와 낱개 2개
→ **12**, 십이, 열둘

(2) 10개씩 묶어 세어 알아보기

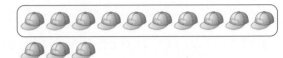

10개씩 묶음 1개와 낱개 ❶ ☐ 개
→ **13**, 십삼, 열셋

2. 11부터 19까지의 수 쓰고 읽기

11	12	13	14	15	16	17	18	19
십일	십이	십삼	십사	십오	십육	십칠	십팔	십구
열하나	열둘	❷	열넷	열다섯	열여섯	열일곱	열여덟	열아홉

3. 11부터 19까지의 수의 크기 비교하기

16

14

• ★은 ●보다 많습니다.
→ 16은 14보다 큽니다.

• ●는 ★보다 적습니다.
→ 14는 16보다 작습니다.

정답 확인 | ❶ 3 ❷ 열셋

확인 문제 1~5번 문제를 풀면서 개념 익히기!

1 그림을 보고 ☐ 안에 알맞은 수를 써넣으세요.

10개씩 묶음 1개와 낱개 6개 → ☐

2 수를 바르게 읽은 것에 ○표 하세요.

19 → (열아홉 , 십육)

한번 더! 확인 6~10번 유사문제를 풀면서 개념 다지기!

6 그림을 보고 ☐ 안에 알맞은 수를 써넣으세요.

10개씩 묶음 1개와 낱개 4개 → ☐

7 수를 바르게 읽은 것에 ○표 하세요.

15 → (십오 , 열둘)

3 ㅣ0개씩 묶고, 수로 나타내 보세요.

8 ㅣ0개씩 묶고, 수로 나타내 보세요.

4 그림을 보고 더 큰 수에 ○표 하세요.

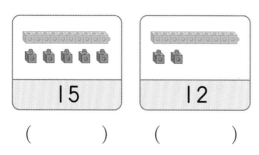

| ㅣ5 | ㅣ2 |

(   )   (   )

9 그림을 보고 알맞은 말에 ○표 하세요.

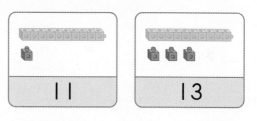

| ㅣㅣ | ㅣ3 |

ㅣㅣ은 ㅣ3보다 (큽니다 , 작습니다).

5 한 접시에 ㅣ0개씩 놓여 있는 도넛 ㅣ접시와 낱개 7개가 있습니다. 도넛은 모두 **몇 개**인가요?

(1) □ 안에 알맞은 수를 써넣으세요.

> ㅣ0개씩 묶음 ㅣ개와 낱개 7개는
>
> [   ] 입니다.

(2) 도넛은 모두 몇 개인가요?   꼭 단위까지 따라 쓰세요.

(   )

서술형 下수

10 한 상자에 ㅣ0개씩 들어 있는 빵 ㅣ상자와 낱개 9개가 있습니다. 빵은 모두 **몇 개**인가요?

풀이

ㅣ0개씩 묶음 ㅣ개와 낱개 9개는 [   ]

입니다.

빵은 모두 [   ] 개입니다.

답 _____ 개

핵심 **개념** 십몇 모으기와 가르기

1. 19까지의 수 모으기

예 8과 4를 모으기

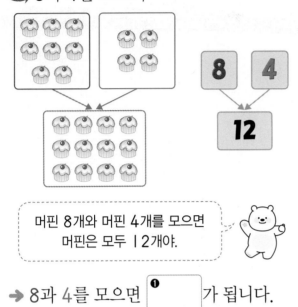

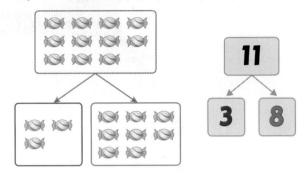

머핀 8개와 머핀 4개를 모으면 머핀은 모두 12개야.

→ 8과 4를 모으면 ❶ ☐ 가 됩니다.

2. 19까지의 수 가르기

예 11을 3과 어떤 수로 가르기

사탕 11개는 사탕 3개와 사탕 ❷ ☐ 개로 가를 수 있어.

→ 11은 3과 8로 가르기를 할 수 있습니다.

정답 확인 | ❶ 12 ❷ 8

확인 문제 1~4번 문제를 풀면서 개념 익히기!

1 모으기를 하여 빈 곳에 알맞은 수만큼 ○를 더 그리고, ☐ 안에 알맞은 수를 써넣으세요.

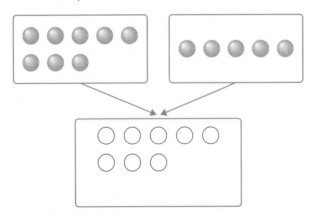

→ 8과 5를 모으면 ☐ 이/가 됩니다.

한번 더! 확인 5~8번 유사문제를 풀면서 개념 다지기!

5 가르기를 하여 빈 곳에 알맞은 수만큼 △를 그리고, ☐ 안에 알맞은 수를 써넣으세요.

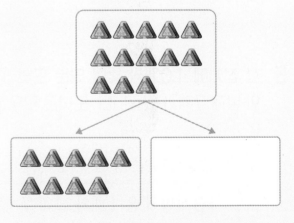

→ 13은 9와 ☐ (으)로 가르기를 할 수 있습니다.

5
50까지의 수

128

2 빈칸에 알맞은 수를 써넣으세요.

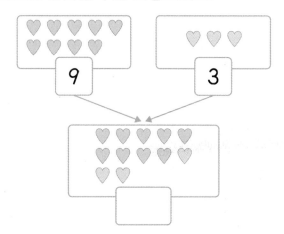

3 빈칸에 알맞은 수를 써넣으세요.

4 감을 유리는 9개, 영우도 9개를 땄습니다. 두 사람이 딴 감은 모두 **몇** 개인가요?

(1) 두 수를 모으기해 보세요.

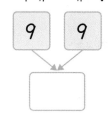

(2) 두 사람이 딴 감은 모두 몇 개인가요?

꼭 단위까지 따라 쓰세요.

(개   )

6 빈칸에 알맞은 수를 써넣으세요.

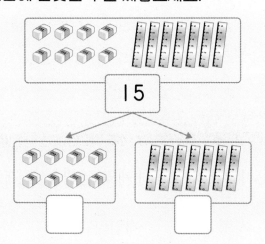

7 빈칸에 알맞은 수를 써넣으세요.

8 쿠키를 아린이는 6개, 재석이는 9개를 먹었습니다. 두 사람이 먹은 쿠키는 모두 **몇** 개인가요?

풀이

6과 9를 모으면 ☐ 이/가 되므로 두 사람이 먹은 쿠키는 모두 ☐ 개입니다.

답 _____ 개

아린이가 먹은 쿠키의 수와 재석이가 먹은 쿠키의 수를 모아 봐.

1 그림을 보고 ☐ 안에 알맞은 수를 써넣으세요.

10개씩 묶음 1개와 낱개 ☐ 개이므로

사탕은 ☐ 개입니다.

2 그림을 보고 수로 나타내 보세요.

(   )

3 지유가 말한 수만큼 색칠해 보세요.

11

지유

4 ☐ 안에 알맞은 수를 써넣으세요.

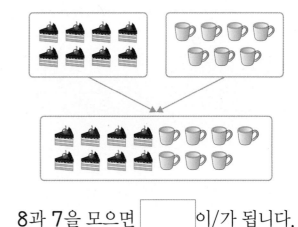

8과 7을 모으면 ☐ 이/가 됩니다.

5 그림과 관련된 것을 모두 찾아 ◯표 하세요.

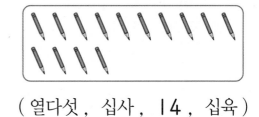

(열다섯 , 십사 , 14 , 십육)

6 ☐ 안에 알맞은 수를 써넣고, 관계있는 것끼리 이어 보세요.

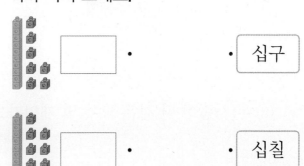

☐ ·   · 십구

☐ ·   · 십칠

7 수를 바르게 읽은 사람에 ○표 하세요.

12는 십이로 읽을 수 있어.

13은 열삼으로 읽을 수 있어.

(   )   (   )

 정보처리

8 □ 안에 알맞은 수를 써넣고, 크기를 비교하여 알맞은 말에 ○표 하세요.

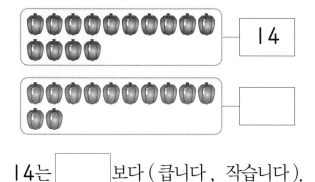

14

14는 [   ] 보다 (큽니다 , 작습니다).

9 바르게 가르기한 것에 ○표 하세요.

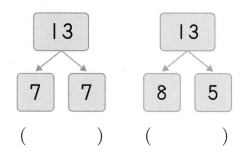

(   )   (   )

10 모으기와 가르기를 하여 빈칸에 알맞은 수를 써넣으세요.

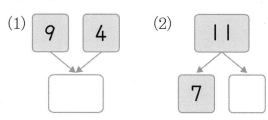

(1) 9 4

(2) 11   7

5

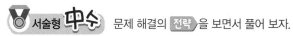 서술형 中 수   문제 해결의 전략 을 보면서 풀어 보자.

11 지안이가 가지고 있는 붙임딱지는 다음과 같습니다. 지안이가 가지고 있는 붙임딱지는 모두 몇 개인지 구하세요.

❶ 붙임딱지의 수 알아보기

♥: [   ] 개, ☆: [   ] 개

전략 모두 몇 개인지 구하려면 두 수를 모으기해 보자.

❷ 붙임딱지의 수 모으기

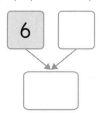

6

❸ 지안이가 가지고 있는 붙임딱지는 모두 [   ] 개입니다.

답

50까지의 수

131

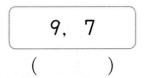
12 두 수를 모으면 16이 되는 것에 ○표 하세요.

9, 7	9, 9
( )	( )

 정보처리

[13~14] 블록이 다음과 같이 12개 있습니다. 설명하는 방법으로 블록을 가르기해 보세요.

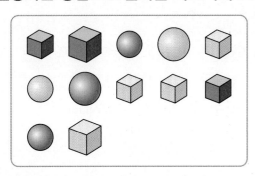

13 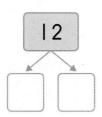 ☐ 모양 블록의 수와 ◯ 모양 블록의 수로 가르기해야지.

```
  12
 ↙  ↘
[  ] [  ]
```

14 빨간색 블록의 수와 노란색 블록의 수로 가르기해야지.

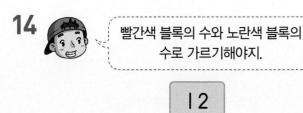

```
  12
 ↙  ↘
[  ] [  ]
```

15 두 수를 모은 수가 나머지 둘과 다른 하나를 찾아 기호를 쓰세요.

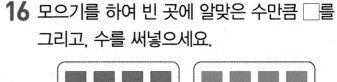
㉠ 7과 4   ㉡ 3과 9   ㉢ 6과 5

(   )

16 모으기를 하여 빈 곳에 알맞은 수만큼 ☐를 그리고, 수를 써넣으세요.

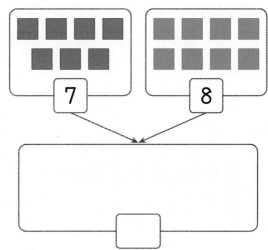

17 가르기를 하여 빈 곳에 알맞은 수만큼 ◯를 그리고, 수를 써넣으세요.

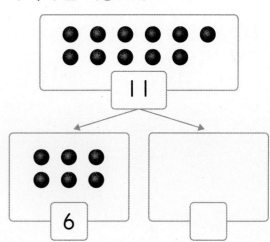

18 8과 모아서 17이 되는 것을 찾아 이어 보세요.

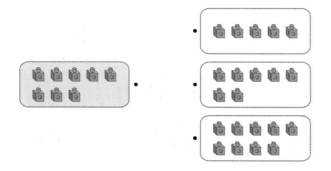

19 하린이가 만든 모양에 사용된 블록은 모두 몇 개인가요?

블록을 10개씩 묶어 세어 보자.

하린

( )

20 14칸을 두 가지 색으로 색칠하고, 색칠한 칸의 수로 가르기를 해 보세요.

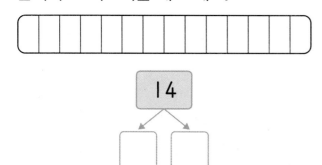

추론

21 상규는 구슬 13개를 형과 나누어 가지려고 합니다. 형이 상규보다 더 많이 가지도록 구슬을 ○로 그려 보세요.

상규	형

서술형 **中수** 문제 해결의 전략 을 보면서 풀어 보자.

22 보경이는 딸기를 16개 가지고 있습니다. 보경이가 언니와 딸기를 똑같이 나누어 가지려면 언니에게 딸기를 몇 개 주어야 하는지 구하세요.

전략 16을 똑같은 두 수로 가르기해 보자.

❶ 딸기의 수를 똑같은 두 수로 가르기

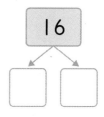

❷ 보경이는 언니에게 딸기를 ☐ 개 주어야 합니다.

답 _____

BOOK**2** 36~37쪽에서 한 번 더 풀기!

핵심 개념 10개씩 묶어 세어 보기

1. 10개씩 묶어 나타내기

 10개씩 묶음 2개
→ **20**, 이십, 스물

2. 몇십을 쓰고 읽기

10개씩 묶음 2개 → ❶ ☐ (이십, 스물)

10개씩 묶음 3개 → **30** (삼십, 서른)

10개씩 묶음 4개 → **40** (사십, 마흔)

10개씩 묶음 5개 → **50** (오십, 쉰)

3. 몇십인 수의 크기 비교하기

☐ 40   ☐ 20

- 파란색 모형은 노란색 모형보다 많습니다.
  → 40은 20보다 큽니다.

- 노란색 모형은 파란색 모형보다 적습니다.
  → 20은 40보다 (큽니다 , 작습니다).❷

정답 확인 | ❶ 20 ❷ 작습니다에 ○표

---

5 50까지의 수

134

확인 문제 1~5번 문제를 풀면서 개념 익히기!

1 그림을 보고 ☐ 안에 알맞은 수를 써넣으세요.

10개씩 묶음이 3개이므로 ☐ 입니다.

2 수를 바르게 읽은 것에 ○표 하세요.

50 → (마흔 , 쉰)

한번 더! 확인 6~10번 유사문제를 풀면서 **개념 다지기!**

6 그림을 보고 ☐ 안에 알맞은 수를 써넣으세요.

10개씩 묶음이 4개이므로 ☐ 입니다.

7 지호가 말하는 수를 쓰세요.

 삼십

지호

( )

3 □ 안에 알맞은 수를 써넣으세요.

(1) 10개씩 묶음 5개는 [ ] 입니다.

(2) 10개씩 묶음 [ ] 개는 30입니다.

4 □ 안에 알맞은 수를 써넣고, 더 큰 수에 ○ 표 하세요.

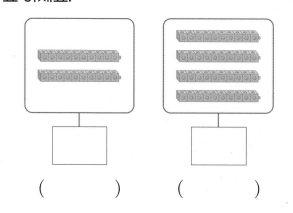

( ) ( )

5 한 판에 달걀을 10개씩 담았습니다. 3판에 담은 달걀은 모두 **몇** 개인가요?

(1) 10개씩 묶음 3개는 얼마인가요?

( )

(2) 달걀은 모두 몇 개인가요?

꼭 단위까지 따라 쓰세요.

(개)

8 □ 안에 알맞은 수를 써넣으세요.

(1) 10개씩 묶음 2개는 [ ] 입니다.

(2) 10개씩 묶음 [ ] 개는 40입니다.

9 그림을 보고 □ 안에 알맞은 수를 써넣으세요.

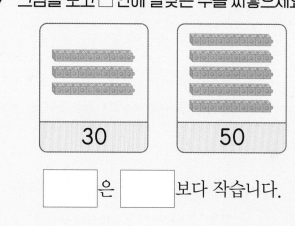

| 30 | 50 |

[ ] 은 [ ] 보다 작습니다.

 서술형 下수

10 팔찌 한 개를 만드는 데 구슬을 10개 사용합니다. 팔찌 5개를 만드는 데 사용한 구슬은 모두 **몇** 개인가요?

풀이

10개씩 묶음 5개는 [ ] 입니다.

팔찌 5개를 만드는 데 사용한 구슬은 모두

[ ] 개입니다.

답 _____ 개

핵심 개념 50까지의 수 세어 보기

1. 10개씩 묶음과 낱개로 나타내기

(1) 연결 모형으로 알아보기

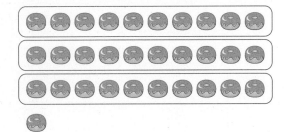

10개씩 묶음 2개와 낱개 3개
→ **23**, 이십삼, 스물셋

(2) 10개씩 묶어 세어 알아보기

10개씩 묶음 3개와 낱개 ❶ □ 개
→ **31**, 삼십일, 서른하나

2. 몇십몇을 10개씩 묶음과 낱개로 나타내기

(1)

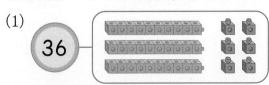

10개씩 묶음	낱개
3	❷

(2)

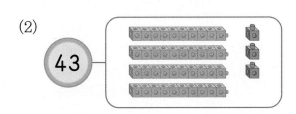

10개씩 묶음	낱개
4	3

정답 확인 | ❶ 1 ❷ 6

50까지의 수

5

136

확인 문제 1~4번 문제를 풀면서 개념 익히기!

1 그림을 보고 □ 안에 알맞은 수를 써넣으세요.

10개씩 묶음 4개와 낱개 2개는

□ 입니다.

한번 더! 확인 5~8번 유사문제를 풀면서 개념 다지기!

5 그림을 보고 □ 안에 알맞은 수를 써넣으세요.

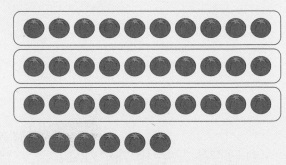

10개씩 묶음 3개와 낱개 6개는

□ 입니다.

2 빈칸에 알맞은 수를 써넣으세요.

25
10개씩 묶음	낱개
2	

6 □ 안에 알맞은 수를 써넣으세요.

48은 10개씩 묶음 □개와 낱개 8개입니다.

3 같은 수끼리 이어 보세요.

· 41

· 28

· 35

7 같은 수끼리 이어 보세요.

22 ·

34 ·

· 마흔셋

· 삼십사

· 스물둘

4 모자 38개를 상자 한 개에 10개씩 넣으려고 합니다. 상자에 넣고 남는 모자는 **몇 개**인가요?

(1) 10개씩 묶어 보세요.

(2) 상자에 넣고 남는 모자는 몇 개인가요?

꼭 단위까지
따라 쓰세요.

(　　개)

서술형 下수

8 화살 24개를 화살통 한 개에 10개씩 넣으려고 합니다. 화살통에 넣고 남는 화살은 **몇 개**인가요?

풀이

화살은 10개씩 묶음 □개와 낱개 □개

이므로 화살통에 넣고 남는 화살은 □개

입니다.

답 _____ 개

[1~2] 그림을 보고 수로 나타내 보세요.

1

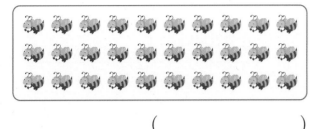

( )

5 20개가 되도록 빈칸에 ○를 더 그려 보세요.

50까지의 수

2

( )

138

6 구슬의 수를 세어 쓰고 2가지 방법으로 읽어 보세요.

쓰기	읽기	

3 하린이가 말하는 수를 쓰세요.

하린 이십오

( )

7 관계있는 것끼리 이어 보세요.

30	•	• 쉰	•	• 삼십
50	•	• 서른	•	• 사십
				• 오십

4 49와 같은 수를 찾아 기호를 쓰세요.

㉠ 사십칠 ㉡ 사십구 ㉢ 사십육

( )

8 빈칸에 알맞은 수를 써넣으세요.

수	10개씩 묶음	낱개
39	3	
	2	7

9 초콜릿이 10개씩 묶음 4개와 낱개 5개가 있습니다. 초콜릿은 모두 몇 개인가요?

(   )

 추론

10 연결 모형을 사용하여 모자를 만들었습니다. 물음에 답하세요.

 나는 모자를 2개 만들래.   다은

 나는 모자를 3개 만들어야지.   도윤

(1) 다은이와 도윤이가 사용한 연결 모형은 각각 몇 개인가요?

다은 (   )

도윤 (   )

(2) 연결 모형을 더 많이 사용한 사람은 누구인가요?

(   )

11 종이비행기는 모두 몇 개인지 10개씩 묶음과 낱개로 나타내고 세어 보세요.

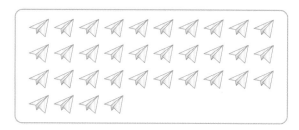

10개씩 묶음	낱개
3	

(   )

서술형 **中수** 문제 해결의 전략 을 보면서 풀어 보자.

12 감을 한 봉지에 10개씩 담으려고 합니다. 감 50개를 모두 담으면 몇 봉지가 되는지 구하세요.

전략) 감 50개는 10개씩 묶음이 몇 개인지 구하자.

❶ 감은 10개씩 묶음 ☐ 개입니다.

전략) 위 ❶에서 구한 10개씩 묶음의 수를 보고 감 50개를 모두 담으면 몇 봉지가 되는지 구하자.

❷ 봉지 수: ☐ 봉지

답 _____

BOOK❷ 38~39쪽에서 한 번 더 풀기!

핵심 개념 50까지의 수의 순서 알아보기

1. 50까지의 수 배열표

> 오른쪽으로 1칸씩 갈 때마다 1씩 커져.

1	2	3	4	5	6	7	8	9	10
11	12	❶	14	15	16	17	18	19	20
21	22	23	24	25	26	27	28	29	30
31	32	33	34	35	36	37	38	39	❷
41	42	43	44	45	46	47	48	49	50

> 아래로 1칸씩 갈 때마다 10씩 커져.

2. 1만큼 더 작은 수와 1만큼 더 큰 수

1만큼 더 작은 수 · 1만큼 더 큰 수

21	22	23

22보다 **1**만큼 더 작은 수는 21입니다.
22보다 **1**만큼 더 큰 수는 23입니다.

3. 사이에 있는 수

35	36	37	38

35와 38 사이에 있는 수는 36과 37입니다.

> 35와 38은 포함되지 않아.

정답 확인 | ❶ 13 ❷ 40

5
50까지의 수

확인 문제 1~5번 문제를 풀면서 개념 익히기!

1 수의 순서를 생각하여 빈칸에 알맞은 수를 써넣으세요.

11	12	13	14	15
16	17			20

2 수의 순서에 맞게 □ 안에 알맞은 수를 써넣으세요.

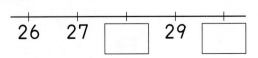
26 27 □ 29 □

한번 더! 확인 6~10번 유사문제를 풀면서 개념 다지기!

6 수의 순서를 생각하여 빈칸에 알맞은 수를 써넣으세요.

41	42	43	44	45
46			49	50

7 수의 순서에 맞게 □ 안에 알맞은 수를 써넣으세요.

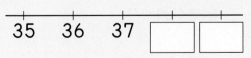
35 36 37 □ □

3 빈칸에 1만큼 더 작은 수와 1만큼 더 큰 수를 각각 써넣으세요.

(1)
```
1만큼              1만큼
더 작은 수          더 큰 수

  [    ]   [ 19 ]   [    ]
```

(2)
```
1만큼              1만큼
더 작은 수          더 큰 수

  [    ]   [ 32 ]   [    ]
```

8 □ 안에 알맞은 수를 써넣으세요.

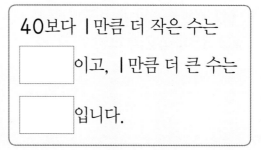

40보다 1만큼 더 작은 수는

[   ] 이고, 1만큼 더 큰 수는

[   ] 입니다.

4 수를 순서대로 쓴 것을 보고 22와 25 사이에 있는 수를 모두 찾아 쓰세요.

| 22 | 23 | 24 | 25 | 26 |

(   )

9 지유가 말하는 수를 쓰세요.

43과 45 사이에 있는 수

지유

(   )

5 미주의 사물함 번호는 22보다 1만큼 더 큰 수입니다. 미주의 사물함 번호는 **몇 번**인가요?

(1) 22보다 1만큼 더 큰 수는 무엇인가요?

(   )

(2) 미주의 사물함 번호는 몇 번인가요?

꼭 단위까지 따라 쓰세요.

(번   )

 서술형 下수

10 은영이의 자리 번호는 15보다 1만큼 더 작은 수입니다. 은영이의 자리 번호는 **몇 번**인가요?

풀이

15보다 1만큼 더 작은 수는 [   ] 입니다.

은영이의 자리 번호는 [   ] 번입니다.

답 _____ 번

핵심 개념 수의 크기 비교하기

1. 10개씩 묶음의 수 비교

예 35와 42의 크기 비교

35 | 42

└→10개씩 묶음 3개   └→10개씩 묶음 4개

┌ 35는 42보다 작습니다.
└ 42는 35보다 [❶].

10개씩 묶음의 수가 다를 때는 **10**개씩 묶음의 수가 클수록 더 큰 수입니다.

2. 낱개의 수 비교 → 10개씩 묶음의 수가 같을 때

예 22와 27의 크기 비교

22 | 27

└→낱개 2개   낱개 7개←┘

┌ 22는 27보다 작습니다.
└ 27은 [❷]보다 큽니다.

10개씩 묶음의 수가 같을 때는 낱개의 수가 클수록 더 큰 수입니다.

10개씩 묶음의 수를 먼저 비교하고, 그 수가 같으면 낱개의 수를 비교해!

정답 확인 | ❶ 큽니다 ❷ 22

확인 문제 1~5번 문제를 풀면서 개념 익히기!

1 그림을 보고 알맞은 말에 ○표 하세요.

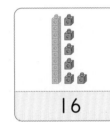 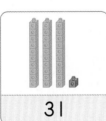

16 | 31

16은 31보다 (큽니다 , 작습니다).

2 더 큰 수에 ○표 하세요.

39 | 35

한번 더! 확인 6~10번 유사문제를 풀면서 개념 다지기!

6 그림을 보고 알맞은 말에 ○표 하세요.

 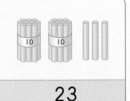

25 | 23

25는 23보다 (큽니다 , 작습니다).

7 더 작은 수에 △표 하세요.

36 | 17

3 그림을 보고 □ 안에 알맞은 수를 써넣으세요.

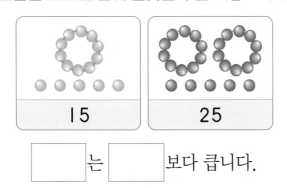

│ 15 │ 25 │

□ 는 □ 보다 큽니다.

4 두 수의 크기를 비교하려고 합니다. 알맞은 말에 ○표 하세요.

┌ 19는 21보다 (큽니다 , 작습니다).
└ 21은 19보다 (큽니다 , 작습니다).

5 구슬을 설아는 36개, 유미는 45개 모았습니다. 구슬을 더 많이 모은 사람은 누구인가요?

⑴ 36과 45 중에서 더 큰 수를 쓰세요.
( )

⑵ 구슬을 더 많이 모은 사람은 누구인가요?
( )

8 그림을 보고 □ 안에 알맞은 수를 써넣으세요.

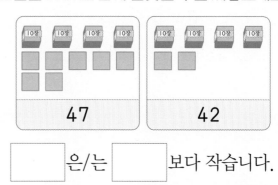

│ 47 │ 42 │

□ 은/는 □ 보다 작습니다.

9 두 수의 크기를 바르게 비교하여 말한 사람은 누구인가요?

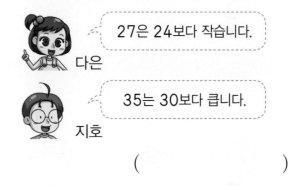

다은: 27은 24보다 작습니다.

지호: 35는 30보다 큽니다.

( )

 서술형

10 쿠키를 지우는 22개, 동호는 29개 먹었습니다. 쿠키를 더 많이 먹은 사람은 누구인가요?

풀이

22와 29의 10개씩 묶음의 수가 (같으므로 , 다르므로) 낱개의 수를 비교하면 더 큰 수는 (22 , 29)입니다.

➡ 쿠키를 더 많이 먹은 사람은

□ 입니다.

답 _____

1 더 큰 수에 ○표 하세요.

43   30

(   ) (   )

2 더 작은 수에 △표 하세요.

32   37

(   ) (   )

3 그림을 보고 두 수의 크기를 비교하여 알맞은 말에 ○표 하세요.

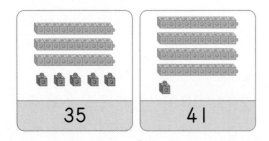

35   41

35는 41보다 (큽니다 , 작습니다).

41은 35보다 (큽니다 , 작습니다).

4 설명하는 수를 구하세요.

35보다 1만큼 더 작은 수

(   )

5 그림을 보고 □ 안에 알맞은 수를 써넣으세요.

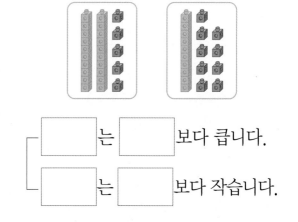

□ 는 □ 보다 큽니다.

□ 는 □ 보다 작습니다.

6 수의 순서에 맞게 ○ 안에 알맞은 수를 써넣으세요.

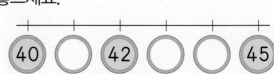

40 ○ 42 ○ ○ 45

7 동화책을 더 적게 읽은 사람의 이름을 쓰세요.

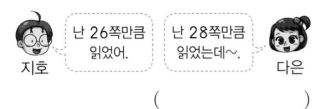

지호: 난 26쪽만큼 읽었어.

다은: 난 28쪽만큼 읽었는데~.

(   )

8 가장 큰 수에 ◯표 하세요.

| 21   31   42 |

9 수를 순서대로 이어 그림을 완성해 보세요.

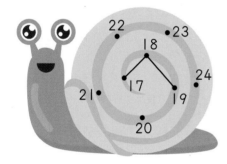

10 보기 의 수를 작은 수부터 순서대로 ◯ 안에 써넣으세요.

보기

| 33   31   32   34 |

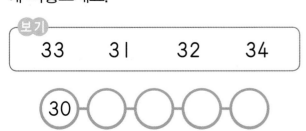

30 ◯ ◯ ◯ ◯

실생활 연결

11 정민이는 13층에 가려고 합니다. 정민이가 눌러야 하는 엘리베이터 버튼에 ◯표 하세요.

서술형 **中 수**   문제 해결의 전략 을 보면서 풀어 보자.

12 은행에서 뽑은 번호표입니다. 번호표의 수가 19보다 크고 23보다 작은 사람은 누구인지 구하세요.

태준: 15   은서: 22   도윤: 24

전략 수의 순서를 생각하여 19보다 크고 23보다 작은 수를 구하자.

❶ 19보다 크고 23보다 작은 수:

▢ , ▢ , ▢

❷ 번호표의 수가 19보다 크고 23보다 작은 사람: ▢

답 _____

5
50 까지의 수

BOOK❷ 40~41쪽에서 한 번 더 풀기!

✏️ **키워드** 문제

연습 1-1 학생들이 출석 번호 순서대로 줄을 섰습니다. 22번과 26번 사이에 서 있는 학생은 모두 몇 명인가요?

Skill

수를 순서대로 쓴 다음, 사이에 있는 수를 구하자.
예 10과 13 사이에 있는 수
10, 11, 12, 13 ➡ 11, 12

풀이 ❶ 22부터 26까지의 수를 순서대로 쓰기:

22, 23, ☐ , ☐ , 26

❷ 22번과 26번 사이에 서 있는 학생은 23번, ☐ 번, ☐ 번

으로 모두 ☐ 명입니다.

답 _____

5

50
까
지
의
수

🏅 서술형 **高수** 🐸 **가이드** | 문제에서 핵심이 되는 말에 표시하고, 위의 풀이 과정을 따라 풀어 보자.

실전 1-2 책을 번호 순서대로 책꽂이에 한 줄로 꽂았습니다. 37번과 42번 사이에 꽂은 책은 모두 몇 권인가요?

풀이 ❶

❷

답 _____

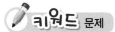

 2-1 귤이 5와 5를 모으기한 수만큼 있습니다. 이 귤을 한 접시에는 7개, 나머지는 다른 접시에 담았다면 다른 접시에 담은 귤은 몇 개인가요?

> 먼저 전체 귤의 수를 구하고, 구한 귤의 수를 7과 어떤 수로 가르기하여 구하자.

풀이 ❶ 5와 5를 모으면 ☐ 입니다.

❷ 10을 7과 어떤 수로 가르기:

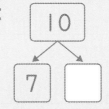

❸ 다른 접시에 담은 귤의 수: ☐ 개

답 ＿＿＿＿＿＿＿＿＿＿

147

 가이드 | 문제에서 핵심이 되는 말에 표시하고, 위의 풀이 과정을 따라 풀어 보자.

 2-2 빵이 6과 6을 모으기한 수만큼 있습니다. 이 빵을 한 상자에는 8개, 나머지는 다른 상자에 담았다면 다른 상자에 담은 빵은 몇 개인가요?

풀이 ❶

❷

❸

답 ＿＿＿＿＿＿＿＿＿＿

🖊 **키워드** 문제

연습 **3-1** 망고가 Ｉ0개씩 3상자와 낱개 Ｉ3개가 있습니다. 망고는 모두 몇 개인가요?

Skill

> 낱개 Ｉ3개는 Ｉ0개씩 몇 상자, 낱개 몇 개와 같은지 구하자.

풀이 ❶ 낱개 Ｉ3개는 Ｉ0개씩 ☐ 상자, 낱개 ☐ 개와 같습니다.

❷ 망고는 Ｉ0개씩 ☐ 상자와 낱개 ☐ 개가 있는 것과 같습니다.

❸ 망고의 수: ☐ 개

답 _____

🥇 서술형 **高수** 👀 **가이드** │ 문제에서 핵심이 되는 말에 표시하고, 위의 풀이 과정을 따라 풀어 보자.

실전 **3-2** 땅콩이 Ｉ0개씩 2봉지와 낱개 Ｉ6개가 있습니다. 땅콩은 모두 몇 개인가요?

풀이 ❶

❷

❸

답 _____

 키워드 문제

연습 **4-1** 다음 조건을 모두 만족하는 수를 구하세요.

> • 10보다 크고 20보다 작은 수입니다.
> • 낱개의 수는 8개입니다.

Skill
> 10보다 크고 20보다 작은 수는 11, 12, 13, ..., 19이므로
> 이 수들의 10개씩 묶음의 수는 1개입니다.

풀이 ❶ 10보다 크고 20보다 작은 수이므로

10개씩 묶음의 수가 ☐ 개입니다.

❷ 낱개의 수는 8개이므로 조건을 모두 만족하는 수는 ☐ 입니다.

답 _____

5

50까지의 수

 서술형 高수 👉 가이드 | 문제에서 핵심이 되는 말에 표시하고, 위의 풀이 과정을 따라 풀어 보자.

149

실전 **4-2** 다음 조건을 모두 만족하는 수를 구하세요.

> • 30보다 크고 40보다 작은 수입니다.
> • 낱개의 수는 2개입니다.

풀이 ❶

❷

답 _____

BOOK❷ 42~43쪽에서 한 번 더 풀기!

1 □ 안에 알맞은 수를 써넣으세요.

9보다 □ 만큼 더 큰 수는 10입니다.

2 그림을 보고 □ 안에 알맞은 수를 써넣으세요.

10개씩 묶음 1개와 낱개 □ 개는

□ 입니다.

3 수로 나타내 보세요.

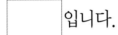 ➡ ( )

4 □ 안에 알맞은 수를 써넣으세요.

10개씩 묶음 4개는 □ 입니다.

5 모으기와 가르기를 하여 빈칸에 알맞은 수를 써넣으세요.

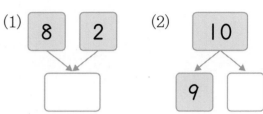

(1) 8 2 → □

(2) 10 → 9 □

실생활 연결

6 10을 바르게 읽은 것의 기호를 쓰세요.

㉠ 오징어 다리는 십 개입니다.
㉡ 내 생일은 칠 월 십 일입니다.

( )

7 관계있는 것끼리 이어 보세요.

12 · · 십오

15 · · 십이

16 · · 십육

8 구슬이 10개씩 묶음 3개와 낱개 4개가 있습니다. 구슬은 모두 몇 개인가요?

( )

9 빈칸에 알맞은 수를 써넣으세요.

10개씩 묶음 1개와 낱개 4개	14
10개씩 묶음 2개와 낱개 5개	
10개씩 묶음 4개와 낱개 7개	

10 순서에 맞게 빈칸에 알맞은 수를 써넣으세요.

47 — ☐ — 49 — ☐

11 빈칸에 알맞은 수를 써넣으세요.

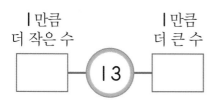

12 13을 두 수로 바르게 가르기한 것에 ○표 하세요.

6과 7	8과 6

( ) ( )

13 두 수의 크기를 바르게 비교한 것의 기호를 쓰세요.

㉠ 41은 39보다 작습니다.
㉡ 19는 18보다 큽니다.

( )

14 가장 큰 수를 찾아 쓰세요.

45   39   40

( )

15 ㉠에 알맞은 수를 구하세요.

12는 9와 ㉠으로 가르기할 수 있습니다.

( )

5

50까지의 수

151

16 모아서 14가 되는 두 수를 찾아 이어 보세요.

⑥ ⑤ ⑦

7 9 8

17 과일 가게에 배가 마흔여섯 개, 귤이 39개 있습니다. 과일 가게에 더 많이 있는 과일은 무엇인가요?

(   )

문제 해결

18 35보다 크고 40보다 작은 수를 찾아 쓰세요.

| 20 | 40 | 33 | 38 | 30 |

(   )

서술형 **실전**

19 명수네 반 학생들이 번호 순서대로 줄을 섰습니다. 25번과 28번 사이에 서 있는 학생은 모두 몇 명인지 풀이 과정을 쓰고 답을 구하세요.

풀이 _____

_____

_____

_____

답 _____

20 연필이 10자루씩 2묶음과 낱개 11자루가 있습니다. 연필은 모두 몇 자루인지 풀이 과정을 쓰고 답을 구하세요.

풀이 _____

_____

_____

_____

_____

답 _____

book.chunjae.co.kr

교재 내용 문의	··········	교재 홈페이지 ▶ 초등 ▶ 교재상담
교재 내용 외 문의	··········	교재 홈페이지 ▶ 고객센터 ▶ 1:1문의
발간 후 발견되는 오류	··········	교재 홈페이지 ▶ 초등 ▶ 학습지원 ▶ 학습자료실

수학의 자신감을 키워 주는 **초등 수학 교재**

난이도 한눈에 보기!

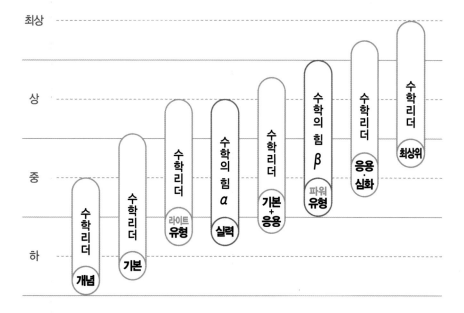

※ 주의
책 모서리에 다칠 수 있으니 주의하시기 바랍니다.
부주의로 인한 사고의 경우 책임지지 않습니다.
8세 미만의 어린이는 부모님의 관리가 필요합니다.
※ KC 마크는 이 제품이 공통안전기준에 적합하였음을 의미합니다.

차세대 리더

수학리더 기본

백전
백승

BOOK 2

1-1

리더가 되기 위한
공부 비법

익힘책 한 번 더 풀기
지피지기 익힘책 유형
반복학습

서술형 한 번 더 쓰기
키워드 문제
+ 서술형 고수

단원평가·총정리
단원평가 2회
+ 수학 성취도 평가

천재교육

백전백승
포인트 3가지

▶ BOOK1 익힘책 유형 반복 학습

▶ 풀이를 따라 풀고, 직접 풀이를 쓰면서 서술형 완성

▶ 단원평가와 성취도 평가를 풀면서 실력 체크

수학 리더 기본 1-1

BOOK **2**

백전백승 **차례**

↪ 개념 확인: **BOOK①** 6쪽

📖 l, 2, 3, 4, 5 알아보기

1 기린의 다리 수만큼 ○를 그려 보세요.

2 바둑돌의 수를 세어 그 수를 □ 안에 써넣고, 관계있는 것끼리 이어 보세요.

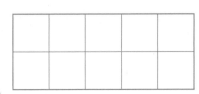

●	$\boxed{1}$ ·	· 다섯
○○	$\boxed{2}$ ·	· 셋
●●●	$\boxed{}$ ·	· 넷
○○○○	$\boxed{}$ ·	· 하나
●●●●●	$\boxed{}$ ·	· 둘

3 먹은 사과의 수를 두 가지 방법으로 읽어 보세요.

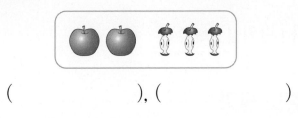

(   ), (   )

4 둘을 나타내는 것을 모두 찾아 색칠해 보세요.

5 나타내는 수가 <u>다른</u> 하나를 찾아 ○표 하세요.

5   오   다섯   사

[6~7] 주어진 수와 곰 인형을 보고 물음에 답하세요.

6 주어진 수만큼 곰 인형을 ☐로 묶어 보세요.

7 위 **6**에서 묶지 <u>않은</u> 곰 인형의 수를 세어 쓰세요.

(   )

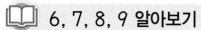 개념 확인: BOOK❶ 8쪽

📖 6, 7, 8, 9 알아보기

8 왼쪽 수만큼 색칠해 보세요.

[9~10] 그림을 보고 물음에 답하세요.

9 🐟의 수만큼 ○를 그리고, 그 수를 □ 안에 써넣으세요.

10 ★의 수만큼 ○를 그리고, 그 수를 □ 안에 써넣으세요.
불가사리

11 왼쪽 수만큼 되도록 ○를 더 그려 보세요.

여덟

12 □ 안에 알맞은 수를 써넣고, 관계있는 것끼리 이어 보세요.

· 여섯

· 일곱

🔴 실생활 연결

13 밑줄 친 수를 상황에 맞게 읽어 보세요.

이 건물은 <u>9</u>층입니다.

(   )

🏅 서술형 中수   문제 해결의 전략 을 보면서 풀어 보자.

14 나타내는 수가 <u>다른</u> 하나를 찾아 기호를 쓰세요.
기호
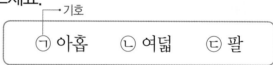
㉠ 아홉   ㉡ 여덟   ㉢ 팔

전략 각각 나타내는 수를 쓰자.

❶ ㉠ '아홉'을 수로 쓰면 □ 입니다.

㉡ '여덟'을 수로 쓰면 □ 입니다.

㉢ '팔'을 수로 쓰면 □ 입니다.

❷ 나타내는 수가 다른 하나를 찾아 기호를 쓰면 □ 입니다.

답

1 단원 · 익힘책 한번 더 풀기

↻ 개념 확인: BOOK❶ 12쪽

📖 수로 순서를 나타내기

1 그림을 보고 알맞게 이어 보세요.

위에서
첫째 서랍 ·

아래에서
둘째 서랍 ·

2 오른쪽에서 셋째 크레파스를 찾아 ○표 하세요.

3 왼쪽에서 넷째에 색칠해 보세요.

(◉) 실생활 연결

4 민지가 계산을 하기 위해 1번 계산대에 줄을 선다면 몇째가 되나요?

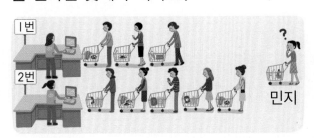

( )

[5~6] 그림을 보고 물음에 답하세요.

첫째

기린 사자 새 곰 돼지 토끼

5 토끼는 몇째에 있나요?

( )

6 셋째와 다섯째 사이에 있는 동물을 쓰세요.

( )

🏅 서술형 中수 문제 해결의 전략 을 보면서 풀어 보자.

7 왼쪽에서 셋째 줄, 앞에서 둘째 줄에 앉아 있는 친구를 찾아 이름을 쓰세요.

세아 서준 리우 솔지
지후 주아 우진 지율

(출처: ⓒOlga1818/shutterstock)

❶ 왼쪽에서 셋째 줄에 앉아 있는 친구:

```
[        ] , [        ]
```

전략 위 ❶에서 쓴 친구 중 앞에서 둘째 줄에 앉아 있는 친구를 찾자.

❷ 왼쪽에서 셋째 줄, 앞에서 둘째 줄에 앉아 있는 친구: [   ]

답 _____

↻ 개념 확인: **BOOK❶** 14쪽

📖 **수의 순서 알아보기**

8 수를 순서대로 이어 보세요.

```
 I      4      5      8      9
 •      •      •      •      •



        •      •      •      •
        2      3      6      7
```

9 수의 순서를 거꾸로 세어 이어 보세요.

```
              •7
        8•
           •
        9•
            •6
    I•———•    •4
          5
    2•        •3
```

10 수를 순서대로 쓴 사람의 이름을 쓰세요.

시후 → | 5 7 6 8 9 |

하린 → | 3 4 5 6 7 |

(   )

11 순서를 거꾸로 세어 수를 쓰세요.

12 주어진 네 수의 순서를 거꾸로 세어 쓰세요.

| 5, 6, 7, 8 |

☐ ☐ ☐ ☐

13 수를 순서대로 썼는데 몇 개가 지워져서 보이지 않습니다. ㉠에 알맞은 수를 쓰세요.

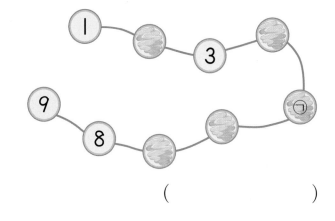

(   )

1

9까지의 수

5

↪ 개념 확인: **BOOK①** 18쪽

📖 ㅣ만큼 더 큰 수와 ㅣ만큼 더 작은 수

1 모자의 수가 3보다 ㅣ만큼 더 큰 수인 것에 ○표 하세요.

( )　　　( )

2 힌트를 보고 자물쇠 번호를 구해 빈 곳에 써넣으세요.

힌트
가운데 수는 4보다 ㅣ만큼 더 큰 수입니다.

🏅 서술형 中수 문제 해결의 전략을 보면서 풀어 보자.

3 은주는 책을 ㅣ월에 7권 읽었습니다. 2월에는 ㅣ월보다 ㅣ권 더 적게 읽었고, 3월에는 2월보다 ㅣ권 더 적게 읽었습니다. 은주가 3월에 읽은 책은 몇 권인가요?

전략 2월에는 7권보다 1권 더 적게 읽었다.

❶ 7보다 ㅣ만큼 더 작은 수: ☐

➡ 2월에 읽은 책: ☐ 권

전략 3월에는 ❶에서 구한 수보다 1권 더 적게 읽었다.

❷ 6보다 ㅣ만큼 더 작은 수: ☐

➡ 3월에 읽은 책: ☐ 권

답 _____

↪ 개념 확인: **BOOK①** 20쪽

📖 0 알아보기

4 과녁에 꽂힌 화살의 수를 세어 ☐ 안에 써넣으세요.

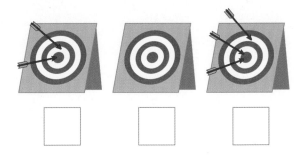

☐　　☐　　☐

[5~6] ☐ 안에 알맞은 수를 써넣으세요.

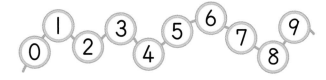

5 ㅣ보다 ㅣ만큼 더 작은 수는 ☐ 입니다.

6 ㅣ은 ☐ 보다 ㅣ만큼 더 큰 수입니다.

7 다람쥐는 가지고 있던 도토리 3개를 모두 먹었습니다. 남아 있는 도토리의 수를 쓰세요.

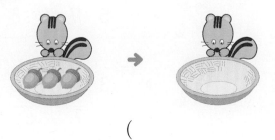

( )

↩ 개념 확인: BOOK**1** 22쪽

📖 **수의 크기 비교하기**

8 3보다 큰 수에는 ○표, 3보다 작은 수에는 △표 하세요.

$$1 - 2 - 3 - 4 - 5 - 6$$

9 수만큼 ○를 그리고, 더 작은 수를 쓰세요.

⑥ ☐☐☐☐☐☐☐☐☐☐

⑧ ☐☐☐☐☐☐☐☐☐☐

(   )

10 그림을 보고 수를 세어 비교해 보세요.

우유는 컵보다 (많습니다 , 적습니다).

7은 ☐ 보다 (큽니다 , 작습니다).

11 6보다 큰 수를 모두 찾아 ○표 하세요.

$$9 \quad 4 \quad 7 \quad 6$$

12 떡은 7개, 쿠키는 9개 있습니다. 떡과 쿠키 중에서 수가 더 적은 것을 쓰세요.

(   )

13 그림을 보고 가장 많은 동물에 ○표, 가장 적은 동물에 △표 하세요.

☐   ☐   ☐

🔩 **문제 해결**

14 보기 와 같이 가운데 수보다 작은 수는 빨간색으로, 가운데 수보다 큰 수는 노란색으로 색칠해 보세요.

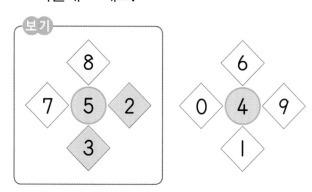

9까지의 수

키워드 문제

1-1 머리핀 9개 중에서 연아가 **4개**를 가진 후 남은 것을 지혜가 모두 가졌습니다. 지혜가 가진 머리핀은 몇 개인가요?

❶ 연아가 가진 머리핀의 수만큼 그림을 □로 묶어 보기

전략 ❶에서 □로 묶고 남은 머리핀의 수를 세자.

❷ □로 묶고 남은 머리핀의 수: [ ]개

➡ 지혜가 가진 머리핀의 수: [ ]개

답 _____

서술형 高수

1-2 색연필 8자루 중에서 윤주가 2자루를 가진 후 남은 것을 세아가 모두 가졌습니다. 세아가 가진 색연필은 몇 자루인가요?

❶

❷

답 _____

키워드 문제

2-1 **3보다 크고 6보다 작은** 수는 모두 몇 개인가요?

전략 3보다 큰 수에는 3이 포함되지 않고, 6보다 작은 수에는 6이 포함되지 않는다.

❶ 3보다 크고 6보다 작은 수 모두 쓰기:

_____

❷ 3보다 크고 6보다 작은 수는 모두 [ ]개입니다.

답 _____

서술형 高수

2-2 5보다 크고 9보다 작은 수는 모두 몇 개인가요?

❶

❷

답 _____

🖉 키워드 문제

3-1 한솔이는 만두를 **4**개 먹었습니다. 한솔이가 지우보다 **1**개 더 많이 먹었다면 지우는 만두를 몇 개 먹었나요?

전략 지우에 대한 문장으로 바꿔 생각하자.

❶ 지우는 한솔이보다 만두를 **1**개 더 (많이 , 적게) 먹었습니다.

전략 위 ❶의 문장에서 한솔이 대신 4개를 써서 지우가 먹은 만두의 수를 구하자.

❷ **4**보다 **1**만큼 더 작은 수는 ☐ 이므로 지우는 만두를 ☐ 개 먹었습니다.

답 _____

🏅 서술형 高수

3-2 옷장 안에 바지가 **7**벌 있습니다. 바지가 치마보다 **1**벌 더 적게 있다면 치마는 몇 벌 있나요?

❶

❷

답 _____

🖉 키워드 문제

4-1 뒤에서 셋째로 달리고 있는 동물은 앞에서 몇째로 달리고 있나요?

앞 ⟶ ⟵ 뒤

❶ 뒤에서 셋째로 달리고 있는 동물을 찾아 ○표 하기

전략 위 ❶에서 ○표 한 동물은 앞에서 몇째인지 세자.

❷ 위 ❶에서 ○표 한 동물은 앞에서 ☐ 째로 달리고 있습니다.

답 _____

🏅 서술형 高수

4-2 세호는 뒤에서 둘째에 서 있습니다. 세호는 앞에서 몇째에 서 있나요?

앞

❶

❷

답 _____

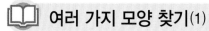
🔄 개념 확인: BOOK❶ 38쪽

📖 여러 가지 모양 찾기(1)

1 오른쪽 서랍장과 같은 모양을 찾아 기호를 쓰세요.

( )

[2~3] 그림을 보고 물음에 답하세요.

2 🛢 모양은 모두 몇 개인가요?

( )

3 ⚪ 모양은 모두 몇 개인가요?

( )

4 ⚪ 모양이 <u>아닌</u> 것을 모두 고르세요.

.... ( )

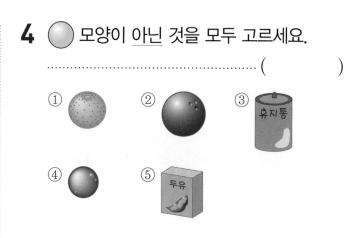

5 같은 모양끼리 이어 보세요.

·   ·   ·

·   ·   ·

🔴 실생활 연결

6 바둑판은 어떤 모양인지 알맞은 모양에 ○표 하고, 이 모양과 같은 모양의 물건을 ㅣ개 찾아 쓰세요.

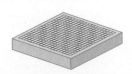

모양	🔲 , 🛢 , ⚪
같은 모양의 물건	

↻ 개념 확인: BOOK❶ 40쪽

📖 **여러 가지 모양 찾기**(2)

7 어떤 모양을 모은 것인지 보기 에서 찾아 기호를 쓰세요.

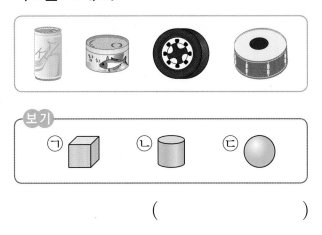

보기

( )

8 ⬚ 모양끼리 모으려고 합니다. 모아야 하는 물건을 모두 찾아 ○표 하세요.

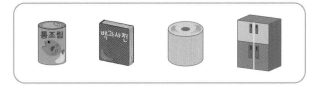

9 ⬚ 모양끼리 모으려고 합니다. 모아야 하는 물건을 모두 찾아 ○표 하세요.

10 같은 모양끼리 모으려고 합니다. ㉠과 같이 모아야 할 물건을 찾아 기호를 쓰세요.

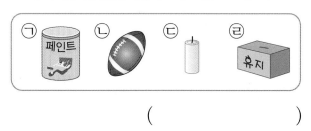

( )

🏅 서술형 中수

11 모양이 같은 것끼리 모으려고 합니다. 잘못 모은 것을 찾아 기호를 쓰세요.

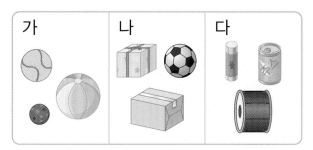

전략 모은 물건의 모양을 모두 찾아보자.

❶

가	⬚ , ⬚ , ○
나	⬚ , ⬚ , ○
다	⬚ , ⬚ , ○

전략 잘못 모은 것은 모은 물건의 모양이 두 가지인 경우이다.

❷ 잘못 모은 것의 기호: ☐

답 _____

↪ 개념 확인: BOOK❶ 44쪽

📖 **여러 가지 모양 알아보기**

1 평평한 부분도 있고 둥근 부분도 있는 모양에 ○표 하세요.

(   ) (   ) (   )

2 자동차 모양을 만드는 데 바퀴로 사용할 모양을 찾으려고 합니다. 알맞은 모양의 기호를 쓰세요.

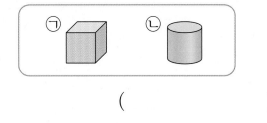

(   )

3 ⬤ 모양에 대한 설명으로 <u>틀린</u> 것을 찾아 기호를 쓰세요.

> ㉠ 위로 쌓을 때 잘 쌓을 수 있습니다.
> ㉡ 여러 방향으로 잘 굴러갑니다.

(   )

4 어느 쪽으로도 잘 쌓을 수 있는 물건을 찾아 기호를 쓰세요.

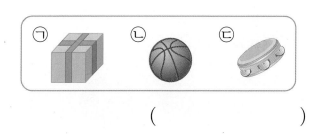

(   )

5 평평한 부분이 있어 쌓을 수 있는 물건을 모두 찾아 기호를 쓰세요.

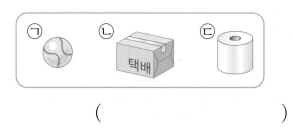

(   )

⚡ 추론

6 일부분이 오른쪽과 같은 모양의 물건끼리 모은 것을 찾아 기호를 쓰세요.

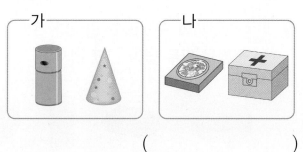

(   )

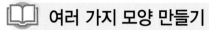

개념 확인: BOOK① 46쪽

여러 가지 모양 만들기

7 다음 모양을 만드는 데 사용한 모양에 ○표 하세요.

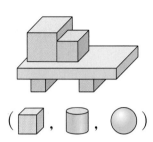

8 오른쪽 탱크 모양을 만드는 데 사용하지 <u>않은</u> 모양을 찾 아 기호를 쓰세요.

(   )

9 다음 모양을 만드는 데 사용한 □, □, ○ 모양은 각각 몇 개인지 빈칸에 써넣으 세요.

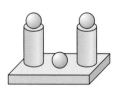

□ 모양	□ 모양	○ 모양

10 주어진 모양을 모두 사용하여 만든 모양을 찾아 이어 보세요.

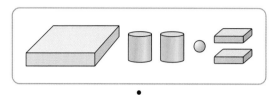

•

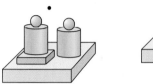   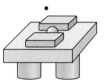

서술형 中수

11 가와 나를 만드는 데 사용한 □ 모양은 모 두 몇 개인지 구하세요.

가   나

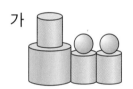   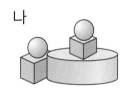

전략 사용한 □ 모양의 수를 각각 세어 보자.

❶
가	나

전략 위 ❶에서 구한 □ 모양의 수를 이어서 세어 보자.

❷ 가와 나를 만드는 데 사용한

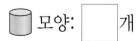 모양: ☐ 개

답 _____

2

여 러 가 지 모 양

13

✏️ **키워드 문제**

1-1 둥근 부분과 평평한 부분이 모두 있는 물건은 몇 개인가요?

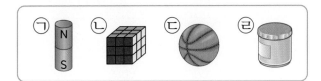

❶ 둥근 부분과 평평한 부분이 모두 있는 모양: (🔲 , 🛢️ , ⚪)

전략 ▶ 위 ❶에서 구한 모양의 물건을 찾자.

❷ 위 ❶에서 구한 모양의 물건:

_____ ➡️ ☐ 개

답 _____

🏅 **서술형 高수**

1-2 뾰족한 부분과 평평한 부분이 모두 있는 물건은 몇 개인가요?

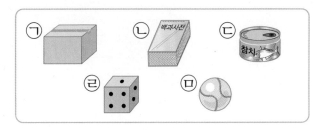

❶

❷

답 _____

✏️ **키워드 문제**

2-1 오른쪽 주사위와 같은 모양의 물건을 모으려고 합니다. 관계 <u>없는</u> 것을 찾아 기호를 쓰세요.

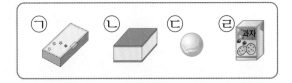

❶ 주사위의 모양: (🔲 , 🛢️ , ⚪)

전략 ▶ 위 ❶에서 구한 모양이 아닌 물건을 찾아보자.

❷ 관계 없는 것의 기호: ☐

답 _____

🏅 **서술형 高수**

2-2 오른쪽 음료수 캔과 같은 모양의 물건을 모으려고 합니다. 관계 <u>없는</u> 것을 찾아 기호를 쓰세요.

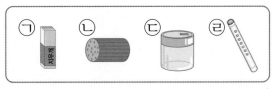

❶

❷

답 _____

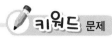 키워드 문제

3-1 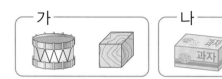 모양 중 가와 나에서 공통으로 찾을 수 있는 모양을 구하세요.

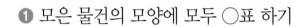

❶ 모은 물건의 모양에 모두 ◯표 하기

가	나

전략 위 ❶에서 공통으로 ◯표 한 모양을 찾아보자.

❷ 공통으로 찾을 수 있는 모양:

()

답 (⬜ , ⬛ , ◯) 모양

 서술형 高수

3-2 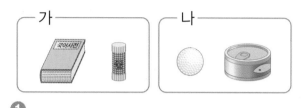 모양 중 가와 나에서 공통으로 찾을 수 있는 모양을 구하세요.

❶

❷

답 () 모양

2

여 러 가 지 모 양

15

 키워드 문제

4-1 다음 모양을 만드는 데 사용한 ⬜ 모양과 ◯ 모양은 모두 몇 개인가요?

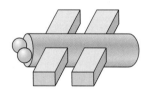

❶ 사용한 모양의 수 구하기

 모양: ☐ 개, ◯ 모양: ☐ 개

전략 위 ❶에서 구한 두 모양의 수를 이어서 세어 보자.

❷  모양과 ◯ 모양의 수: ☐ 개

답 _____

 서술형 高수

4-2 다음 모양을 만드는 데 사용한 ⬛ 모양과 ◯ 모양은 모두 몇 개인가요?

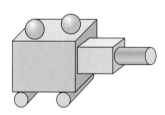

❶

❷

답

↪ 개념 확인: BOOK❶ 60쪽

📖 **모으기와 가르기**(1)

1 그림을 보고 모으기를 해 보세요.

2 그림을 보고 가르기를 해 보세요.

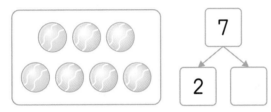

3 진열된 판다 인형 8개 중에서 5개가 팔렸습니다. 진열대에 남은 판다 인형은 몇 개인지 구하세요.

(1) 빈 곳에 알맞은 수만큼 ○를 그려 보세요.

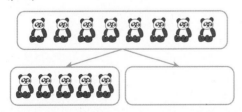

(2) 진열대에 남은 판다 인형은 몇 개인가요?

(   )

4 5를 가르기하여 초록색과 보라색으로 ○를 칠하고, 색칠한 수를 빈 곳에 써넣으세요.

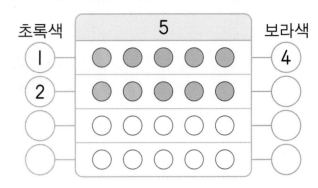

5 모아서 리본이 6개가 되도록 이어 보세요.

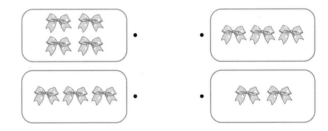

⚡ 추론

[6~7] 점의 수가 주어진 수만큼 되도록 빈 곳에 점을 그려 넣으세요.

6 8 →

7 9 →

3
덧셈과 뺄셈

↻ 개념 확인: BOOK❶ 62쪽

📖 **모으기와 가르기**(2)

[8~9] 그림을 보고 빈 곳에 알맞은 수를 써넣으세요.

8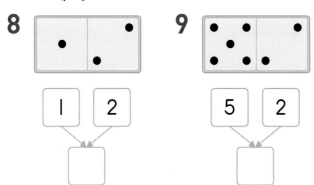

9

10 빈 곳에 알맞은 수를 써넣으세요.
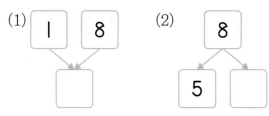
(1) 1 8
(2) 8   5

11 3을 가르기해 보세요.
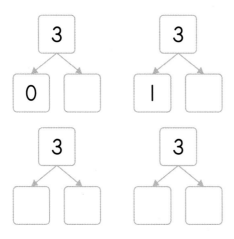

12 구슬 7개를 양손에 나누어 가졌습니다. 오른손에 있는 구슬은 몇 개인가요?

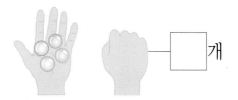 개

13 모으기를 하여 8이 되도록 두 수를 모두 묶어 보세요.

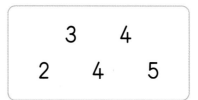

    3   4
  2   4   5

🏅 서술형 中수

14 3과 1을 모으기한 수를 똑같은 두 수로 가르기하려고 합니다. 똑같은 두 수를 구하세요.

❶ 3과 1을 모으면  가 됩니다.

전략 ▷ 위 ❶에서 모으기한 수를 가르기하자.

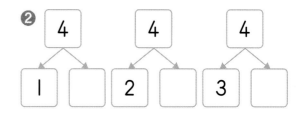
❷ 4   4   4
   1   2   3

전략 ▷ 위 ❷에서 가르기한 수 중에서 똑같은 두 수를 찾자.

❸ 가르기한 수 중 똑같은 두 수:
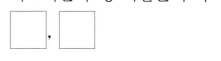
□ , □

답  _____ , _____

17

3

덧셈과 뺄셈

↩ 개념 확인: **BOOK①** 66쪽

📖 **덧셈 알아보기**

1 그림을 보고 □ 안에 알맞은 수를 써넣으세요.

키즈카페에서 ☐ 명이 놀고 있는데

2명이 더 입장했으므로 어린이는

모두 ☐ 명입니다.

[2~3] 그림을 보고 덧셈 이야기를 만들어 보세요.

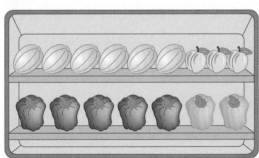

2 냉장고에 있는 과일은   이야기를 따라 쓰세요.

참외가 6개, 복숭아가 3개이므로 모두

☐ 개입니다.

3 냉장고에 있는 초록색 피망은 2개이고,

빨간색 피망은 초록색 피망보다 3개 더

많으므로 ☐ 개입니다.

4 그림을 보고 덧셈식을 쓰고 읽어 보세요.

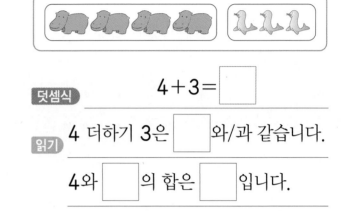

덧셈식 $4+3=$ ☐

읽기   4 더하기 3은 ☐ 와/과 같습니다.

4와 ☐ 의 합은 ☐ 입니다.

5 알맞은 것끼리 이어 보세요.

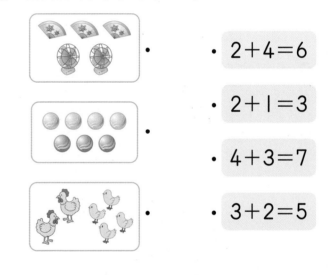

· 2+4=6

· 2+1=3

· 4+3=7

· 3+2=5

6 그림을 보고 덧셈식을 쓰고 읽어 보세요.

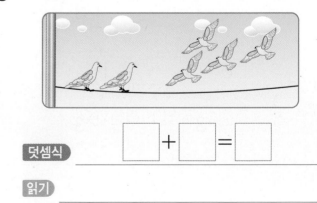

덧셈식   ☐ + ☐ = ☐

읽기

↻ 개념 확인: **BOOK❶** 68쪽

📖 **덧셈하기**

7 모으기 방법으로 물개는 모두 몇 마리인지 구하세요.

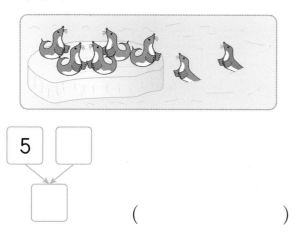

5 ☐

☐

(   )

8 합이 같은 것끼리 이어 보세요.

2+7	•	•	1+6
6+1	•	•	7+2
3+5	•	•	5+3

9 수족관 물 밖에 있는 펭귄은 **4**마리, 물속에 있는 펭귄은 **5**마리입니다. 수족관에 있는 펭귄은 모두 몇 마리인가요?

 덧셈식 _____

답 _____

 문제 해결

10 그림을 보고 덧셈을 하세요.

☐ + ☐ = ☐

☐ + ☐ = ☐

 **서술형 中수** 문제 해결의 전략 을 보면서 풀어 보자.

11 놀이터에 남자 어린이가 **3**명, 여자 어린이가 **2**명 놀고 있었습니다. **4**명의 어린이가 더 왔다면 지금 놀이터에 있는 어린이는 모두 몇 명인지 구하세요.

 전략 (남자 어린이 수)+(여자 어린이 수)

❶ 처음 놀이터에 있던 어린이 수:

3+☐=☐(명)

 전략 (위 ❶에서 구한 어린이 수)+(더 온 어린이 수)

❷ 지금 놀이터에 있는 어린이 수:

☐+4=☐(명)

 답 _____

3

덧셈과 뺄셈

19

🔄 개념 확인: BOOK❶ 72쪽

📖 **뺄셈 알아보기**

[1~2] 그림을 보고 □ 안에 알맞은 수를 써넣으세요.

1

마카롱이 5개, 초콜릿이 □ 개이므로

마카롱이 초콜릿보다 □ 개 더 많습니다.

2

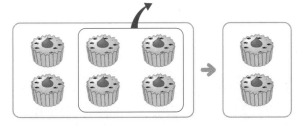

컵케이크 □ 개 중에서 4개를 먹었으

므로 남은 컵케이크는 □ 개입니다.

3 그림을 보고 뺄셈 이야기를 만들어 보세요.

안경이

> 이야기를
> 따라 쓰세요.

위 줄에 4개, 아래 줄에 □ 개 있습

니다. 안경이 아래 줄에 □ 개 더 많

이 있습니다.

4 그림을 보고 남은 꽃잎의 수를 구하는 뺄셈식을 쓰세요.

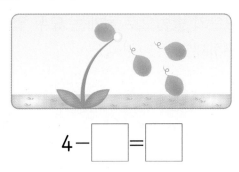

$4 - \square = \square$

5 다음을 뺄셈식으로 나타내 보세요.

9와 3의 차는 6입니다.

뺄셈식 _____

6 🔲 모양은 ⚪ 모양보다 얼마나 더 많은지를 구하는 뺄셈식을 쓰고, 읽어 보세요.

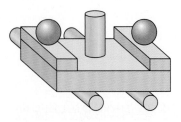

뺄셈식 _____

읽기 _____

↺ 개념 확인: **BOOK❶ 74**쪽

📖 **뺄셈하기**

[7~8] 그림을 보고 여러 가지 방법으로 남은 물통의 수를 구하세요.

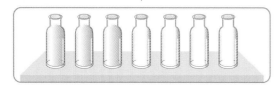

7 연결 모형을 빼내어 구하기

 ➡ ☐ 통

8 뺄셈식을 써서 구하기

7 − ☐ = ☐ ➡ ☐ 통

9 뺄셈식에 알맞게 /으로 지우고 뺄셈을 하세요.

$$8 - 3 = \boxed{}$$

10 떡꼬치에 꽂혀 있던 떡 **4**개 중에서 **2**개를 먹었습니다. 꼬치에 남은 떡은 몇 개인가요?

뺄셈식 _____

답 _____

🔧 **문제 해결**

11 그림을 보고 뺄셈을 하세요.

☐ − ☐ = ☐

☐ − ☐ = ☐

🏅 서술형 **中수**

12 차가 같은 뺄셈을 말하려고 합니다. 지유가 말할 수 있는 뺄셈을 쓰세요.

5−1   6−2   7−3   ◯

하린   지호   시후   지유

전략 하린, 지호, 시후가 말한 뺄셈을 계산하자.

❶ 5−1= ☐ , 6−2= ☐ ,

7−3= ☐

➡ 친구들이 말한 뺄셈의 차는

☐ 입니다.

전략 차가 4가 되는 뺄셈을 만들어 보자.

❷ 지유가 말할 수 있는 뺄셈:

☐ − ☐

뺄셈 _____

3

덧셈과 뺄셈

21

🔖 개념 확인: BOOK❶ 78쪽

📖 0이 있는 덧셈과 뺄셈

1 그림을 보고 덧셈식을 쓰세요.

더 타는 사람이 없어요.

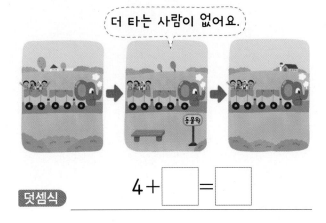

덧셈식 $4+\boxed{}=\boxed{}$

2 그림을 보고 뺄셈식을 쓰세요.

다 내렸어요.

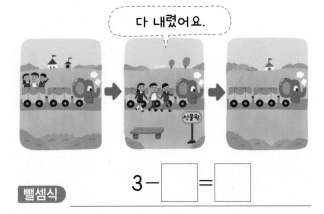

뺄셈식 $3-\boxed{}=\boxed{}$

3 그림을 보고 잘못 말한 사람은 누구인가요?

은서: 5에서 0을 빼면 5가 됩니다.
민재: 5−5=0이라 쓸 수 있습니다.

(　　　　　　　　)

4 양쪽 점의 수의 합이 6인 것을 찾아 ○표 하세요.

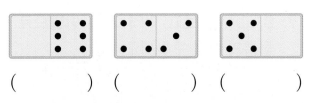

(　　　　) (　　　　) (　　　　)

5 합과 차가 같은 것끼리 이어 보세요.

$3+3=\boxed{}$ ·　　· $4-0=\boxed{}$

$2+6=\boxed{}$ ·　　· $9-1=\boxed{}$

$0+4=\boxed{}$ ·　　· $6-0=\boxed{}$

🏅 서술형 中수

6 ▧에 알맞은 수가 더 큰 것의 기호를 쓰세요.

$\text{㉠ } 0+▧=2 \quad \text{㉡ } 7-▧=7$

전략 0+(어떤 수)=(어떤 수), (어떤 수)−0=(어떤 수)

❶ ㉠ 0에 ▧를 더하면 ▧이므로

    ▧$=\boxed{}$ 입니다.

    ㉡ 7에서 ▧를 빼도 7이므로

    ▧$=\boxed{}$ 입니다.

❷ ▧에 알맞은 수가 더 큰 것:
    (㉠ , ㉡)

답 _____

↩ 개념 확인: BOOK**①** 80쪽

📖 **덧셈과 뺄셈하기**

7 덧셈과 뺄셈을 하세요.

(1) $4+3=$ ☐

$4+4=$ ☐

$4+5=$ ☐

(2) $7-4=$ ☐

$7-5=$ ☐

$7-6=$ ☐

8 합이 4가 되는 덧셈식을 모두 쓰려고 합니다. ☐ 안에 알맞은 수를 써넣으세요.

$0+$ ☐ $=4$	$1+$ ☐ $=4$
$2+$ ☐ $=4$	$3+$ ☐ $=4$
$4+$ ☐ $=4$	

9 그림을 보고 덧셈식과 뺄셈식을 만들어 보세요.

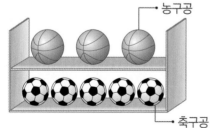

농구공

축구공

농구공 ☐ 개와 축구공 ☐ 개로 덧셈식과 뺄셈식을 만듭니다.

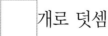

덧셈식 $3+$ ☐ $=$ ☐

뺄셈식 $5-$ ☐ $=$ ☐

10 ◯ 안에 ＋, －를 알맞게 써넣으세요.

(1) 5 ◯ $1=6$　　(2) 9 ◯ $9=0$

11 세 수를 모두 이용한 뺄셈식을 2개 만들어 보세요.

2	7	5

☐ $-$ ☐ $=$ ☐

☐ $-$ ☐ $=$ ☐

3

덧셈과 뺄셈

23

⚡ 추론

12 뽑기 기계 안에 있는 공을 뽑으면 빼기 4가 계산되어 나옵니다. 같은 색 공에 계산 결과를 써넣으세요.

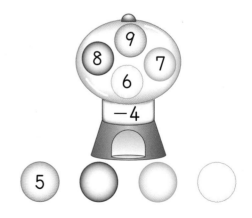

키워드 문제

1-1 상자 안에 있는 곶감과 상자 밖에 있는 곶감의 수는 같습니다. 곶감은 모두 몇 개인가요?

❶ 상자 안에 있는 곶감 수: ☐ 개

전략 (상자 밖에 있는 곶감 수)+(위 ❶에서 구한 곶감 수)

❷ (전체 곶감 수)

$$= 2 + \boxed{} = \boxed{} (개)$$

답 _____

서술형 高수

1-2 자루 안에는 아무것도 없습니다. 애호박은 모두 몇 개인가요?

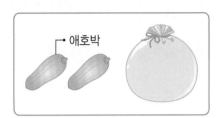
애호박

❶

❷

답 _____

키워드 문제

2-1 ◯ 모양과 ▱ 모양은 모두 몇 개인가요?

전략 모양별로 빠뜨리거나 두 번 세지 않게 주의하자.

❶ ◯ 모양: ☐ 개, ▱ 모양: ☐ 개

전략 (◯ 모양의 수)+(▱ 모양의 수)

❷ 합: ☐ + ☐ = ☐ (개)

답 _____

서술형 高수

2-2 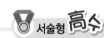 모양은 ▱ 모양보다 몇 개 더 많은가요?

❶

❷

답 _____

 **키워드** 문제

3-1 새 공책이 **8**권 있습니다. 그중에서 **2**권은 수학 공책으로 썼고, **1**권은 알림장으로 썼습니다. 남은 새 공책은 몇 권인가요?

전략 (처음에 있던 새 공책 수)−(수학 공책 수)

❶ 수학 공책으로 쓰고 남은 새 공책 수:

$$8 - \boxed{} = \boxed{} \text{(권)}$$

전략 (위 ❶에서 남은 새 공책 수)−(알림장 수)

❷ 알림장까지 쓰고 남은 새 공책 수:

$$\boxed{} - 1 = \boxed{} \text{(권)}$$

답 _____

 서술형 **高수**

3-2 버스에 **6**명의 승객이 타고 있었습니다. 이번 정류장에서 **3**명이 내린 후 **4**명이 탔습니다. 지금 버스에 있는 승객은 몇 명인가요?

❶

❷

답 _____

 **키워드** 문제

4-1 클립 **7**개를 ㉠ 상자보다 ㉡ 상자에 더 많게 나누어 담는 방법은 몇 가지인가요? (단, 상자가 비어 있지 않게 담습니다.)

전략 ㉡에 더 큰 수를 써가며 가르기하자.

❶

㉠ 상자   ㉡ 상자
클립 수   클립 수

❷ ㉡ 상자에 클립이 더 많게 나누어 담는

방법: $\boxed{}$ 가지

답 _____

서술형 **高수**

4-2 호두과자 **9**개를 ㉠ 접시보다 ㉡ 접시에 더 많게 나누어 담는 방법은 몇 가지인가요? (단, 접시가 비어 있지 않게 담습니다.)

❶

❷

답 _____

3

덧셈과 뺄셈

↪ 개념 확인: BOOK❶ 94쪽

📖 **길이 비교하기**

1 그림을 보고 알맞은 말에 ○표 하세요.

 버스

 자전거

더 짧은 것은 (버스 , 자전거)입니다.

2 관계있는 것끼리 이어 보세요.

| 치마 | • | | • | 더 길다 |
| 바지 | • | | • | 더 짧다 |

3 가장 긴 것에 ○표, 가장 짧은 것에 △표 하세요.

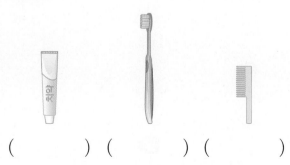

(   ) (   ) (   )

4 더 긴 줄넘기 줄에 ○표 하세요.

(   )   (   )

5 길이를 바르게 비교한 사람은 누구인가요?

고구마   옥수수   감자

다은 〔 고구마는 옥수수보다 더 길어. 〕

〔 길이가 가장 짧은 것은 감자야. 〕 지호

(   )

⚡ 추론

6 줄의 길이가 가장 짧은 것을 찾아 기호를 쓰세요.

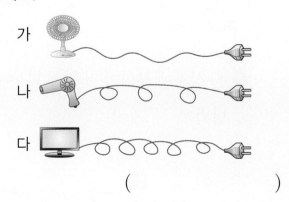

가

나

다

(   )

26

4 비교하기

⟲ 개념 확인: **BOOK①** 96쪽

📖 **키와 높이 비교하기**

7 키가 더 작은 사람의 이름을 쓰세요.

하린   지유

(   )

8 높이를 비교할 때 사용하는 말에 색칠해 보세요.

길다, 짧다   높다, 낮다

9 가장 높은 것에 ○표, 가장 낮은 것에 △표 하세요.

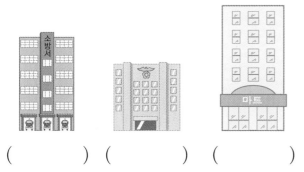

(   ) (   ) (   )

10 높은 것부터 순서대로 I, 2, 3을 쓰세요.

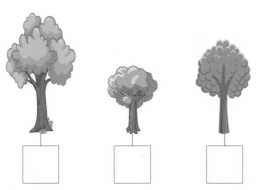

11 어느 동물의 키가 더 큰가요?

참새   비둘기

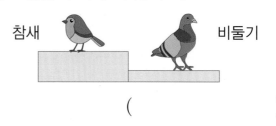

(   )

🔴 실생활 연결

12 키가 가장 큰 사람을 찾아 이름을 쓰세요.

소연   지훈   현식

(   )

🏅 서술형 **中수**

13 똑같은 블록으로 현우는 위로 8개, 소연이는 위로 5개 쌓았습니다. 쌓은 블록의 높이가 더 높은 사람의 이름을 쓰세요.

 위로 쌓은 블록의 수를 비교하자.

❶ 위로 쌓은 블록 수가 더 많은 사람:

 블록을 위로 많이 쌓을수록 높이가 높아진다.

❷ 쌓은 블록의 높이가 더 높은 사람:

답 _____

4

비교하기

27

↻ 개념 확인: BOOK① 98쪽

📖 무게 비교하기

1 더 무거운 것을 쓰세요.

솜사탕   수박

(   )

2 무게를 비교할 때 사용하는 말을 모두 고르세요. ·········· (   )

① 무겁다   ② 크다
③ 길다   ④ 낮다
⑤ 가볍다

3 알맞은 말에 ○표 하세요.

바이올린   피아노

바이올린은 피아노보다
더 (무겁습니다 , 가볍습니다).

4 가장 무거운 것에 ○표, 가장 가벼운 것에 △표 하세요.

풍선   야구공   벽돌

(   ) (   ) (   )

28

비교하기

5 무게를 바르게 비교한 것의 기호를 쓰세요.

혜리   장훈   준서   장훈

┌──────────────────────────┐
│ ㉠ 장훈이는 혜리보다 가볍습니다. │
│ ㉡ 장훈이는 준서보다 가볍습니다. │
└──────────────────────────┘

(   )

🏅 서술형 中수

6 똑같은 두 상자 위에 보기 의 책을 각각 한 권씩 올려놓고 난 후 상자의 모습입니다. 가 상자 위에 올려놓았던 책의 기호를 쓰세요.

┌─────────────────────────────┐
│ 보기   │
│ ㉠ [공책]   ㉡ [백과사전]   │
└─────────────────────────────┘

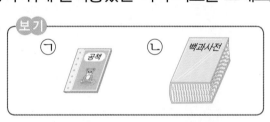

가   나

 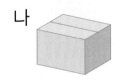

전략 올려놓은 물건의 무게가 무거울수록 상자가 더 많이 찌그러진다.

❶ 가 상자가 나 상자보다 더 많이 찌그러졌으므로 더 (가벼운 , 무거운) 책을 올려놓은 것입니다.

전략 보기의 책의 무게를 비교하자.

❷ 가 상자 위에 올려놓았던 책: ☐

답 _____

↩개념 확인: BOOK**1** 104쪽

📖 넓이 비교하기

7 더 좁은 곳에 △표 하세요.

야구장   농구장

(   )   (   )

8 두 색종이의 넓이를 비교하여 알맞은 것에 ○표 하세요.

더 좁은 것은 (㉠ , ㉡)입니다.

9 가장 넓은 것을 찾아 기호를 쓰세요.

가   나   다

(   )

10 가장 좁은 것에 색칠해 보세요.

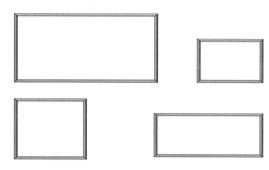

11 아람이는 수첩 앞에 왼쪽 붙임딱지를 붙이려고 합니다. 붙임딱지가 남지 않도록 붙이기에 알맞은 수첩의 기호를 쓰세요.

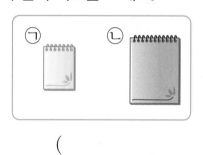

(   )

🩹 문제 해결

12 1부터 4까지 순서대로 이어 2명과 4명이 앉을 수 있는 돗자리를 각각 그려 보고 더 넓은 돗자리에 ○표 하세요.

(   )   (   )

4

비교하기

29

↻ 개념 확인: BOOK❶ 106쪽

담을 수 있는 양 비교하기

1 그림을 보고 알맞은 말에 ○표 하세요.

대야

풀장

대야는 풀장보다 담을 수 있는 양이
더 (많습니다 , 적습니다).

2 담을 수 있는 양을 바르게 비교한 사람의
이름을 쓰세요.

가 　　　나

 시후　가가 나보다 담을 수 있는 양이
더 적습니다.

나가 가보다 담을 수 있는 양이
더 적습니다.　 다은

(　　　　　)

3 물을 더 적게 담을 수 있는 쪽에 △표 하세요.

(　　　)　　(　　　)

4 담을 수 있는 양이 가장 많은 것에 ○표,
가장 적은 것에 △표 하세요.

(　　　) (　　　) (　　　)

5 다음 중 지유의 그릇을 찾아 기호를 쓰세요.

 지유　내 그릇은 가장 많이
담을 수 있어.

㉠ 　㉡　㉢

(　　　　　)

🏅 서술형 中수

6 왼쪽 그릇에 물이 가득 담겨 있습니다. 이
그릇의 물을 모두 옮겨 담을 수 있는 통의
기호를 쓰세요.

　가　나

❶ 물을 모두 옮겨 담으려면 통은 그
릇보다 더 (커야 , 작아야) 합니다.

전략　그릇과 통의 크기를 비교하자.

❷ 옮겨 담을 수 있는 통: ▢

답 _____

비교하기

↩ 개념 확인: **BOOK①** 106쪽

📖 담긴 양 비교하기

7 담긴 물의 양을 비교하여 □ 안에 알맞은 기호를 써넣으세요.

가   나

□ 는 □ 보다 담긴 물의 양이 더 많습니다.

8 관계있는 것끼리 이어 보세요.

　•　　　　　•

　•　　　　　•

더 많다　　　더 적다

9 담긴 물의 양이 가장 많은 것을 찾아 기호를 쓰세요.

가 　나 　다

(　　　　)

10 왼쪽 그릇에 담긴 물보다 더 적게 담긴 그릇의 기호를 쓰세요.

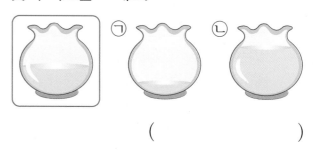

(　　　　)

11 물이 가장 많이 담긴 컵에 ○표, 가장 적게 담긴 컵에 △표 하세요.

(　) 　(　) 　(　)

🩹 **문제 해결**

12 모양과 크기가 같은 그릇 두 개에 주스와 우유를 각각 모두 부은 것입니다. 주스와 우유 중 더 적게 들어 있던 것은 무엇인가요?

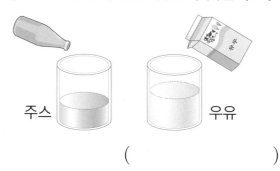

주스　　　　　우유

(　　　　)

✏️ 키워드 문제

1-1 벽돌이 들어 있는 상자와 곰 인형이 들어 있는 상자가 있습니다. 초록색 상자 안에 들어 있는 물건은 무엇인가요?

전략 저울에서는 아래로 내려간 쪽이 더 무겁다.

❶ 초록색 상자 안에 들어 있는 물건이 더 (무겁습니다 , 가볍습니다).

❷ 초록색 상자 안에 들어 있는 물건:

```
[        ]
```

답 _____

🏅 서술형 高수

1-2 한 쪽에는 김밥 한 줄이, 다른 쪽에는 김 한 장이 놓여 있습니다. 분홍색 뚜껑이 덮여 있는 쪽에 있는 음식은 무엇인가요?

❶

❷

답 _____

✏️ 키워드 문제

2-1 가장 긴 것은 무엇인가요?

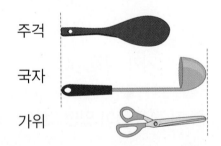

전략 같은 쪽으로 맞추어진 것끼리 비교하자.

❶ 국자는 주걱보다 더 (깁니다 , 짧습니다).
국자는 가위보다 더 (깁니다 , 짧습니다).

❷ 가장 긴 것: `[        ]`

답 _____

🏅 서술형 高수

2-2 가장 짧은 것은 무엇인가요?

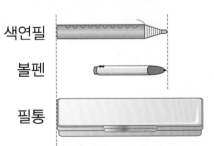

❶

❷

답 _____

3-1 가장 좁은 것부터 순서대로 쓰세요.

> 손수건은 액자보다 더 넓고 이불은
> 손수건보다 더 넓습니다.

전략 ▶ 손수건을 액자, 이불과 비교하자.

❶ 손수건보다 더 넓은 것: ☐

❷ 손수건보다 더 좁은 것: ☐

❸ 좁은 것부터 순서대로 쓰기:
(   )−(   )−(   )

답 (   )−(   )−(   )

3-2 가장 좁은 곳부터 순서대로 쓰세요.

> 체육관은 운동장보다 더 좁고 교실은
> 체육관보다 더 좁습니다.

❶

❷

❸

답 (   )−(   )−(   )

4-1 수도를 틀어 빈 물통에 물을 가득 받으려고
합니다. 수도에서 나오는 물의 양이 같을 때
물을 더 빨리 받게 되는 쪽의 기호를 쓰세요.

❶ 담기는 양이 (적을수록 , 많을수록)
물을 더 빨리 받을 수 있습니다.

전략 ▶ ㉠과 ㉡에서 크기가 다른 나머지 물통을 비교하자.

❷ 담을 수 있는 양이 더 적은 쪽: ☐

❸ 물을 더 빨리 받게 되는 쪽: ☐

답 _____

4-2 수도를 틀어 빈 물통에 물을 가득 받으려고
합니다. 수도에서 나오는 물의 양이 같을 때
물을 더 늦게까지 받게 되는 쪽의 기호를 쓰
세요.

❶

❷

❸

답 _____

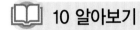

5 단원 · 익힘책 한번더 풀기

🔁 개념 확인: BOOK❶ 120쪽

📖 10 알아보기

1 9 다음 수를 빈칸에 써넣으세요.

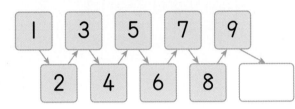

2 빵의 수만큼 ○를 그리고, □ 안에 알맞은 수를 써넣으세요.

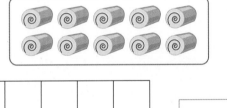

3 그림을 보고 □ 안에 알맞은 수를 써넣으세요.

10은 □ 보다 3만큼 더 큰 수입니다.

4 ●의 수가 10개인 것을 모두 찾아 ○표 하세요.

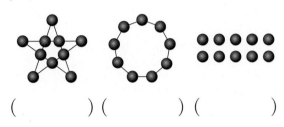

(   ) (   ) (   )

🔵 실생활 연결

5 10을 알맞게 읽은 것에 ○표 하세요.

우리 집은 10(십 , 열)층입니다.

🏅 서술형 **中수** 문제 해결의 전략 을 보면서 풀어 보자.

6 접시에 토마토를 10개 담으려고 합니다. 토마토를 몇 개 더 담아야 하는지 구하세요.

❶ 접시에 담겨 있는 토마토의 수:

□ 개

전략 10은 ❶에서 구한 수보다 몇만큼 더 큰 수인지 알아보자.
┌─ ❶에서 구한 수

❷ 10은 □ 보다 □ 만큼 더 큰 수

이므로 더 담아야 하는 토마토의

수는 □ 개입니다.

답 ＿＿＿＿＿＿＿＿

↪ 개념 확인: **BOOK①** 122쪽

📖 **10 모으기와 가르기**

7 그림을 보고 모으기를 하여 빈칸에 알맞은 수를 써넣으세요.

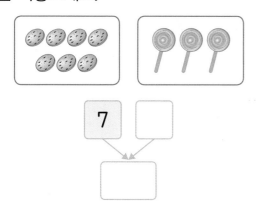

8 그림을 보고 버스와 택시의 수로 가르기를 하여 빈칸에 알맞은 수를 써넣으세요.

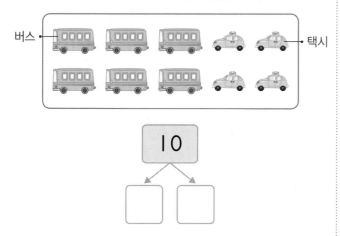

9 10을 바르게 가르기한 것에 ○표 하세요.

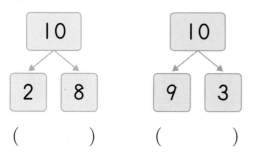

10 가르기와 모으기를 하여 빈칸에 알맞은 수를 써넣으세요.

(1)   (2)

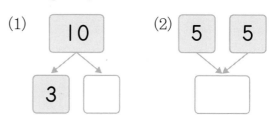

11 9와 모아서 10이 되는 수를 찾아 ○표 하세요.

12 두 수를 모아서 10이 되지 <u>않는</u> 것에 ×표 하세요.

8과 2	5와 4	3과 7
( )	( )	( )

13 10을 가르기한 것입니다. ㉠과 ㉡ 중 더 큰 수는 어느 것인지 기호를 쓰세요.

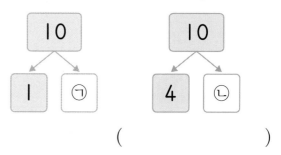

(   )

5

50까지의 수

35

개념 확인: BOOK❶ 126쪽

📖 십몇 알아보기

1 그림을 보고 빈칸에 알맞은 수를 써넣으세요.

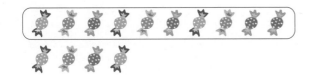

10개씩 묶음	낱개
1	

→ ☐

2 10개씩 묶고, 수로 나타내 보세요.

3 주어진 수만큼 색칠해 보세요.

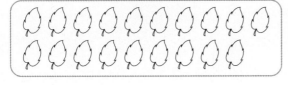

4 왼쪽 수만큼 ○를 그리고, 10개씩 묶어 보세요.

5 관계있는 것끼리 이어 보세요.

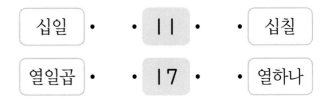

6 토마토와 바나나의 수를 세어 ☐ 안에 각각 써넣고, 더 많은 것은 무엇인지 쓰세요.

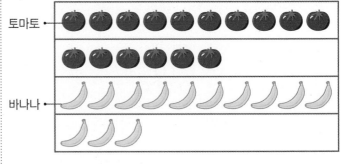

더 많은 것 ( )

7 배가 10개씩 1봉지와 낱개 9개가 있습니다. 배는 모두 몇 개인가요?

( )

🔄 **개념 확인: BOOK❶ 128**쪽

📖 **십몇 모으기와 가르기**

8 모으기를 하여 빈 곳에 알맞은 수만큼 ◯를 그리고, 빈칸에 알맞은 수를 써넣으세요.

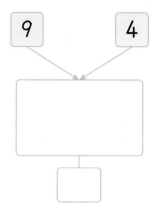

9 15를 두 수로 가르기하려고 합니다. 빈칸에 알맞은 수를 써넣으세요.

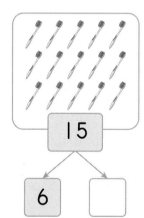

10 모아서 11이 되는 두 수를 찾아 이어 보세요.

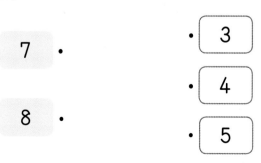

11 모아서 16이 되는 두 수를 찾아 ◯표 하세요.

| 9 | 7 | 8 |

🔖 **문제 해결**

12 12를 두 가지 방법으로 가르기해 보세요.

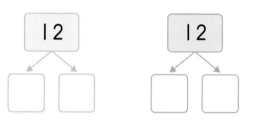

🔻 **서술형** **中수** 문제 해결의 **전략** 을 보면서 풀어 보자.

13 ㉠과 ㉡을 모으기한 수를 구하세요.

> ㉠ 2
> ㉡ 8보다 1만큼 더 큰 수

전략 ㉡의 값을 구하자.

❶ ㉡ 8보다 1만큼 더 큰 수: ☐

❷ ㉠과 ㉡을 모으기

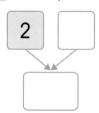

🅐 _____

개념 확인: **BOOK ①** 134쪽

📖 10개씩 묶어 세어 보기

1 수를 세어 쓰고 2가지 방법으로 읽어 보세요.

🤍🤍🤍🤍🤍🤍🤍🤍🤍🤍
🤍🤍🤍🤍🤍🤍🤍🤍🤍🤍

쓰기 _____

읽기 _____ , _____

2 빈칸에 알맞은 수를 써넣으세요.

10개씩 묶음 3개	30
10개씩 묶음 4개	
10개씩 묶음 5개	

3 관계있는 것끼리 이어 보세요.

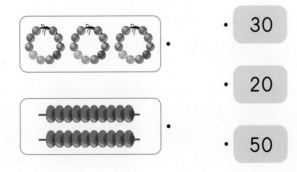

· 30

· 20

· 50

4 그림을 보고 알맞은 말에 ○표 하세요.

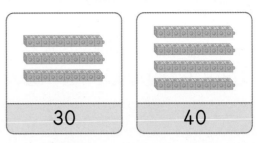

30	40

30은 40보다 (큽니다 , 작습니다).

5 수를 <u>잘못</u> 읽은 것은 어느 것인가요?

·· ( )

① 10 - 열   ② 20 - 스물
③ 30 - 삼십   ④ 40 - 오십
⑤ 50 - 쉰

🔍 정보처리

6 나타내는 수가 나머지와 <u>다른</u> 하나를 찾아 기호를 쓰세요.

㉠ 사십	㉡ 서른
㉢ 마흔	㉣ 40

( )

7 밤을 한 봉지에 10개씩 4봉지 담았습니다. 밤은 모두 몇 개인가요?

( )

↻개념 확인: BOOK❶ 136쪽

📖 **50까지의 수 세어 보기**

8 다은이가 읽은 수를 쓰고, 다은이와 **다른** 방법으로 읽어 보세요.

다은 〔 마흔여섯 〕

쓰기 _____

읽기 _____

9 □ 안에 알맞은 수를 써넣으세요.

10개씩 묶음 **2**개와 낱개 **4**개는
☐ 입니다.

10 그림을 보고 수로 나타내 보세요.

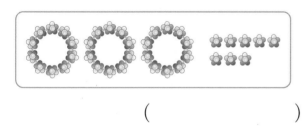

(   )

11 빈칸에 알맞은 수를 써넣으세요.

수	10개씩 묶음	낱개
48	4	
32		2
	2	1

🔵 **정보처리**

12 나타내는 수가 35와 **다른** 것을 찾아 기호를 쓰세요.

㉠ 10개씩 묶음 3개와 낱개 5개
㉡ 서른다섯
㉢ 삼십이

(   )

🏅 서술형 **中수**   문제 해결의 전략 을 보면서 풀어 보자.

13 그림을 보고 모형 🔲이 몇 개인지 구하세요.

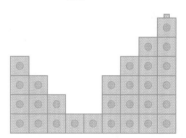

전략 모형 🔲을 10개씩 묶어 세어 보자.

❶

10개씩 묶음	낱개
2	

전략 위 ❶에서 구한 10개씩 묶음의 수와 낱개의 수를 보고 모형 🔲의 수를 구하자.

❷ 모형 🔲의 수: ☐ 개

답 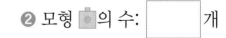 _____

🔁 개념 확인: **BOOK❶** 140쪽

📖 **50까지의 수의 순서 알아보기**

[1~2] 수의 순서에 맞게 □ 안에 알맞은 수를 써넣으세요.

1
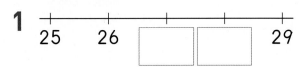

25　26　□　□　29

2
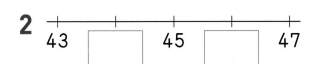

43　□　45　□　47

3 수의 순서를 생각하여 ♥에 알맞은 수를 구하세요.

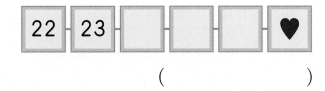

| 22 | 23 | | | | ♥ |

(　　　　　　　)

4 주어진 수보다 1만큼 더 큰 수와 1만큼 더 작은 수를 각각 쓰세요.

28

1만큼 더 큰 수 (　　　　　　　)
1만큼 더 작은 수 (　　　　　　　)

5 주어진 수를 작은 수부터 순서대로 빈 곳에 써넣으세요.

19　21　20　22　23

→ 18　○　○　○　○　○

6 지호는 매일 동화책을 읽습니다. 오늘 39쪽까지 읽었다면 내일은 몇 쪽부터 읽어야 하나요?

내일은 오늘 읽은 쪽의 다음 쪽부터 읽어야지~.

지호

(　　　　　　　)

🔍 정보처리

7 화살표 방향으로 수의 순서를 생각하여 빈 칸에 알맞은 수를 써넣으세요.

27	28	29	30		
42	43		45	46	33
41	50	49		47	34
40			37	36	

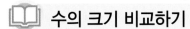 개념 확인: BOOK **1** 142쪽

📖 **수의 크기 비교하기**

8 더 큰 수를 쓰세요.

(   )

9 그림을 보고 □ 안에 알맞은 수를 써넣으세요.

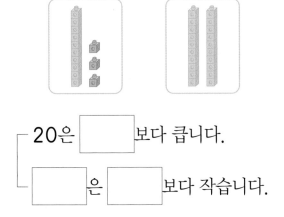

20은 [   ] 보다 큽니다.

[   ] 은 [   ] 보다 작습니다.

10 왼쪽 수보다 더 큰 수에 ○표 하세요.

(1) 35 ─ | 46 | 24 |

(2) 26 ─ | 19 | 31 |

11 가장 작은 수를 찾아 쓰세요.

| 19   14   17 |

(   )

12 딱지를 소희는 40장 모았고, 윤석이는 38장 모았습니다. 딱지를 더 많이 모은 사람의 이름을 쓰세요.

(   )

🏅 서술형 中수   문제 해결의 전략 을 보면서 풀어 보자.

13 보기 의 수보다 크고 30보다 작은 수를 모두 구하세요.

보기
10개씩 묶음 2개와 낱개 7개인 수

전략 10개씩 묶음 ■개와 낱개 ▲개인 수 ➡ ■▲

❶ 보기 의 수: [   ]

❷ 위 ❶에서 답한 수보다 크고 30보다 작은 수: [   ] , [   ]

답 _____

✏️ 키워드 문제

1-1 지안이는 붙임딱지를 6개 가지고 있습니다. 붙임딱지가 10개가 되려면 몇 개가 더 필요한가요?

전략) 10은 6보다 몇만큼 더 큰 수인지 알아보자.

❶ 10은 6보다 ☐ 만큼 더 큰 수입니다.

❷ 붙임딱지가 10개가 되려면 ☐ 개가 더 필요합니다.

답 _____

🏅 서술형 高수

1-2 태린이는 연필을 7자루 가지고 있습니다. 연필이 10자루가 되려면 몇 자루가 더 필요한가요?

❶

❷

답 _____

✏️ 키워드 문제

2-1 ㉠과 ㉡ 중 더 큰 수의 기호를 쓰세요.

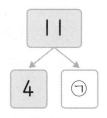
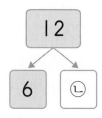

❶ 가르기하기:

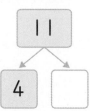
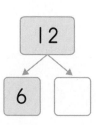

전략) 위 ❶에서 구한 ㉠과 ㉡의 수의 크기를 비교하자.

❷ 더 큰 수의 기호: ☐

답 _____

🏅 서술형 高수

2-2 ㉠과 ㉡ 중 더 큰 수의 기호를 쓰세요.

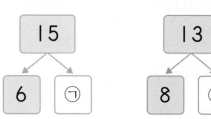

❶

❷

답 _____

5

50까지의 수

42

✏️키워드 문제

3-1 어머니는 35세, 아버지는 37세, 이모는 29세입니다. 세 사람 중에서 나이가 가장 많은 사람은 누구인가요?

❶ 나이가 가장 많은 사람을 구하려면 가장 (큰 , 작은) 수를 찾아야 합니다.

❷ 35, 37, 29를 큰 수부터 차례로 쓰면

[ ] , [ ] , [ ] 입니다.

(전략) 위 ❷에서 가장 큰 수는 누구의 나이인지 알아보자.

❸ 나이가 가장 많은 사람: [ ]

답 _____

🏅서술형 高수

3-2 하린이의 할머니 댁에 있는 동물들입니다. 가장 많이 있는 동물은 무엇인가요?

오리   병아리   돼지

|2마리   2|마리   23마리

❶

❷

❸

답 _____

✏️키워드 문제

4-1  모양의 블록 |0개로 모자 모양 |개를 만들 수 있습니다. 주어진 블록으로 만들 수 있는 모자 모양은 몇 개인가요?

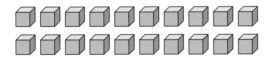

(전략) 주어진 블록은 10개씩 묶음으로 몇 개인지 구하자.

❶ 주어진 블록은 |0개씩 묶음 [ ]개 입니다.

(전략) 10개씩 묶음 ●개 ➡ 만들 수 있는 모자 모양 ●개

❷ 만들 수 있는 모자 모양의 수: [ ]개

답 _____

🏅서술형 高수

4-2 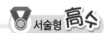 모양의 구슬 |0개로 팔찌 |개를 만들 수 있습니다. 주어진 구슬로 만들 수 있는 팔찌는 몇 개인가요?

❶

❷

답 _____

단원
평가

점선대로 잘라서 파이널 테스트지로 활용하세요.

1 다음을 수로 쓰세요.

사   (   )

2 순서에 알맞게 빈칸에 알맞은 수를 찾아 ◯표 하세요.

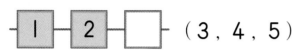

I — 2 — ☐ — (3 , 4 , 5)

3 그림을 보고 더 큰 수에 ◯표 하세요.

(   )   (   )

4 연필의 수만큼 빈칸에 ◯를 그리고, ◯ 안에 연필의 수를 써넣으세요.

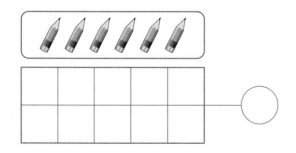

5 순서에 알맞게 빈 곳에 알맞은 수를 써넣으세요.

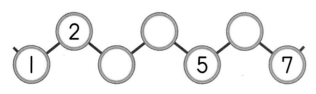

6 왼쪽에서 여섯째에 놓인 지우개를 찾아 ◯표 하세요.

첫째

7 9를 •보기•와 같이 두 가지 방법으로 읽어 보세요.

•보기•

7 ➡ 일곱, 칠

9 ➡ (   ), (   )

8 관계있는 것끼리 선으로 이어 보세요.

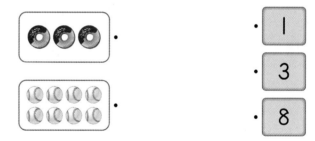

· I

· 3

· 8

9 더 작은 수를 쓰세요.

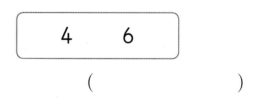

4   6

(   )

10 4보다 I만큼 더 큰 수를 나타내는 것에 ◯표 하세요.

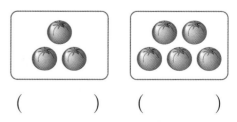

(   )   (   )

⏰ 빈칸에 알맞은 수를 써넣으세요. (11~12)

11

| 만큼 더 작은 수 | 만큼 더 큰 수

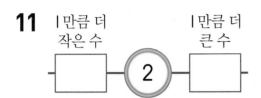

12

| 만큼 더 작은 수 | 만큼 더 큰 수

13 모자는 왼쪽에서 몇째일까요?

(   )

14 | 부터 수의 순서대로 이어 보세요.

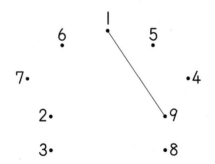

15 그림을 보고 바르게 설명한 것을 찾아 기호를 쓰세요.

⊙ 꽃은 5송이입니다.
ⓛ 나비는 2마리입니다.

(   )

16 8보다 작은 수에 모두 △표 하세요.

| 9   2   6   8 |

17 그림을 보고 알맞은 수를 넣어 이야기를 만들어 보세요.

이야기

_____

_____

18 ⊙과 ⓛ에 알맞은 수를 각각 쓰세요.

8은 ⊙ 보다 | 만큼 더 큰 수이고,

ⓛ 보다 | 만큼 더 작은 수입니다.

⊙ (   ), ⓛ (   )

19 강아지가 5마리, 사슴이 9마리, 고양이가 6마리 있습니다. 어떤 동물이 가장 많은지 쓰세요.

(   )

20 9명의 학생이 한 줄로 서 있습니다. 은혜 앞에 8명의 학생이 서 있다면 은혜는 앞에서 몇째에 서 있을까요?

(   )

1 ☐ 안에 알맞은 수를 써넣으세요.

아무것도 없는 것을 ☐ 이라 쓰고 영이라고 읽습니다.

2 가방의 수를 세어 ☐ 안에 써넣으세요.

3 그림을 보고 빈칸에 알맞은 수를 써넣으세요.

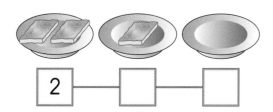

⏰ 다음을 보고 ☐ 안에 알맞은 수를 써넣으세요. (4~5)

4 3보다 1만큼 더 큰 수는 ☐ 입니다.

5 2보다 1만큼 더 작은 수는 ☐ 입니다.

6 왼쪽의 수만큼 그림을 ◯으로 묶어 보세요.

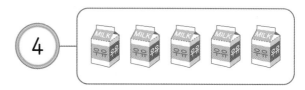

7 사과의 수를 세어 두 가지 방법으로 읽어 보세요.

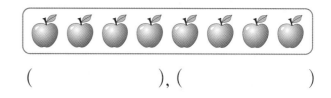

(   ), (   )

8 알맞은 말에 ◯표 하세요.

6은 8보다 (큽니다 , 작습니다).
8은 6보다 (큽니다 , 작습니다).

9 그림을 보고 알맞게 선으로 이어 보세요.

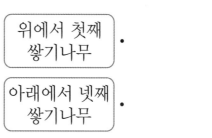

위에서 첫째 쌓기나무 •

아래에서 넷째 쌓기나무 •

10 ★표가 있는 책은 왼쪽에서 몇째일까요?

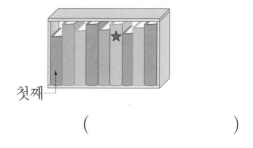

첫째

(   )

11 왼쪽부터 세어 ○ 안에 알맞게 색칠하세요.

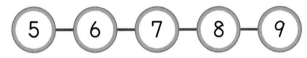

12 7보다 큰 수에 모두 색칠하세요.

⑤─⑥─⑦─⑧─⑨

13 순서에 맞게 수를 쓴 것의 기호를 쓰세요.

> ㉠ 3-4-5-6-7-8-9
> ㉡ 1-2-3-4-6-5-7

(   )

14 순서를 거꾸로 하여 수를 센 것입니다. 빈 곳에 알맞은 수를 써넣으세요.

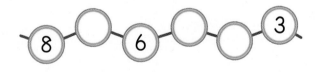

15 사과가 7개, 귤이 4개 있습니다. 사과와 귤 중 수가 더 적은 과일은 어느 것일까요?

(   )

16 가장 큰 수를 찾아 쓰세요.

7	2	5	8

(   )

17 규리는 여섯 살입니다. 규리의 나이만큼 초에 ○표 하세요.

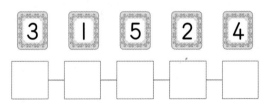

18 수 카드의 수가 작은 수부터 차례로 늘어놓으세요.

19 왼쪽에서 일곱째에 있는 수를 쓰세요.

5	8	1	2	4	6	3	7

(   )

20 사탕을 서주는 4개보다 1개 더 많이 가지고 있고 규하는 6개 가지고 있습니다. 두 사람 중 사탕을 더 많이 가지고 있는 사람은 누구일까요?

(   )

1 왼쪽과 같은 모양에 ○표 하세요.

2 왼쪽과 같은 모양에 ○표 하세요.

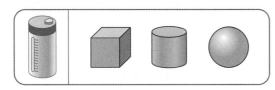

3 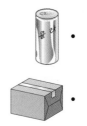 모양에 ○표 하세요.

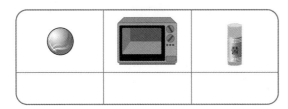

4 모양에 ○표 하세요.

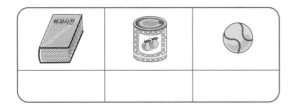

5 모양이 나머지와 <u>다른</u> 하나에 △표 하세요.

(　　) (　　) (　　)

6 어떤 모양을 사용하여 만든 것인지 ○표 하세요.

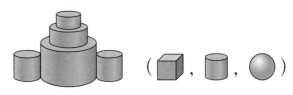

7 모양이 같은 것끼리 선으로 이어 보세요.

•보기•를 보고 물음에 답하세요. **(8~10)**

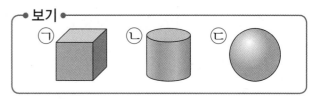

8 뾰족한 부분이 있는 모양을 찾아 기호를 쓰세요.

(　　　　)

9 둥근 부분만 있어서 어느 쪽으로도 잘 쌓을 수 <u>없는</u> 모양을 찾아 기호를 쓰세요.

(　　　　)

10 평평한 부분도 있고 둥근 부분도 있어서 눕혀서 굴려야만 잘 굴러가는 모양을 찾아 기호를 쓰세요.

(　　　　)

⏰ 그림을 보고 물음에 답하세요. (11~13)

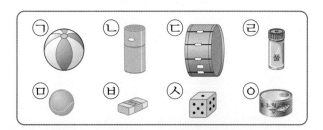

11 ㉂과 같은 모양의 물건을 찾아 기호를 쓰세요.

( )

12 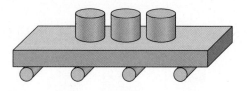 모양은 모두 몇 개일까요?

( )

13 ⚪ 모양은 모두 몇 개일까요?

( )

⏰ 오른쪽은 여러 가지 모양으로 만든 것입니다. 물음에 답하세요. (14~15)

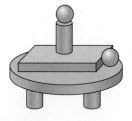

14 사용한 ⚪ 모양은 몇 개일까요?

( )

15 사용한 ⬢ 모양은 몇 개일까요?

( )

16 일부분이 오른쪽과 같은 모양의 물건을 1개 찾아 쓰세요.

( )

⏰ 기차 모양을 만든 것입니다. 물음에 답하세요. (17~18)

17 사용하지 <u>않은</u> 모양에 ◯표 하세요.

(⬛ , ⬢ , ⚪)

18 사용한 ⬢ 모양과 ⬛ 모양은 모두 몇 개일까요?

( )

19 •보기•에서 설명하는 모양을 찾아 ◯표 하세요.

┌─ 보기 ─────────────────────┐
• 평평한 부분이 있습니다.
• 어느 쪽으로도 굴러가지 않습니다.
└──────────────────────────┘

(⬛ , ⬢ , ⚪)

20 모양의 순서에 따라 ☐ 안에 알맞은 모양에 ◯표 하세요.

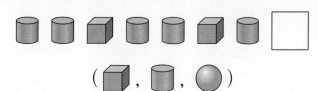

(⬛ , ⬢ , ⚪)

2. 여러 가지 모양

날짜 · ·
점수

1 모양에 ◯표 하세요.

(   ) (   ) (   )

2 모양이 <u>아닌</u> 것에 ✕표 하세요.

(   ) (   ) (   )

3 둥근 부분만 있는 모양을 찾아 ◯표 하세요.

()

⏰ 어떤 모양끼리 모은 것인지 •보기•에서 찾아 기호를 쓰세요. (4~5)

┌─ 보기 ─────────────────────┐
│ ㉠   ㉡   ㉢   │
└───────────────────────────┘

4

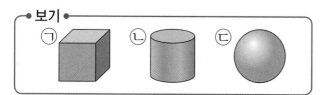 ➡ ☐

5

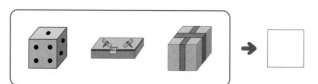 ➡ ☐

6 오른쪽 모양은 모양을 몇 개 사용하여 만든 것일까요?

(   )

7 같은 모양끼리 이어 보세요.

 •   •

 •   •

8 다음 설명이 옳으면 ◯표, <u>틀리면</u> ✕표 하세요.

┌───────────────────────────┐
│ 모양과 모양은 어느 쪽으로 │
│ 굴려도 잘 굴러갑니다.   │
└───────────────────────────┘

(   )

⏰ 모양에 ☐표, 모양에 △표, 모양에 ◯표 하세요. (9~10)

9

(   ) (   ) (   )

10

(   ) (   ) (   )

2
단원평가
B

51

🕐 물건의 모양에 대한 설명으로 옳은 것을
•보기•에서 찾아 기호를 쓰세요. (11~12)

┌─ •보기• ─────────────────┐
│ ⊙ 어느 쪽으로도 잘 굴러갑니다. │
│ ⓛ 눕혀서 굴려야만 잘 굴러갑니다. │
│ ⓒ 모든 쪽으로 쌓기 쉽습니다. │
└─────────────────────────┘

11   **12**

(   ) (   )

13 상자 속에 들어 있는 물건을 만져 보았더니 둥근 부분만 만져졌습니다. 이 물건과 같은 모양의 물건을 1가지 쓰세요.

(   )

14 오른쪽은 , , 모양을 각각 몇 개씩 사용하여 만든 것인지 쓰세요.

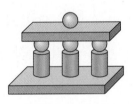

▢ (   )
▢ (   )
● (   )

15 진희와 친구들은 ▢ 모양의 물건을 가지고 오기로 하였습니다. 잘못 가지고 온 사람은 누구일까요?

진희   지완   이수   윤재

(   )

16 가장 많이 있는 모양에 ○표 하세요.

(▢ , ▢ , ●)

🕐 오른쪽은 여러 가지 모양으로 만든 것입니다. 물음에 답하세요. (17~18)

17 가장 적게 사용한 모양에 ○표 하세요.

(▢ , ▢ , ●)

18 가장 많이 사용한 모양은 몇 개일까요?

(   )

🕐 주리와 규희가 여러 가지 모양으로 만든 것입니다. 물음에 답하세요. (19~20)

주리    규희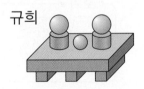

19 ● 모양을 사용하지 <u>않은</u> 사람은 누구일까요?

(   )

20 ▢ 모양을 주리는 규희보다 몇 개 더 많이 사용했는지 구하세요.

(   )

1 그림을 보고 모으기를 하세요.

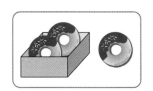 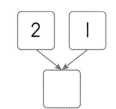

2 그림을 보고 뺄셈을 하세요.

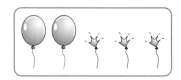

$5-3=\boxed{}$

⏰ 덧셈과 뺄셈을 하세요. (**3~4**)

3 $6+3=\boxed{}$ **4** $8-4=\boxed{}$

5 그림에 맞는 덧셈식에 색칠하세요.

$2+4=6$ $2+3=5$

6 빈 곳에 알맞은 수를 써넣으세요.

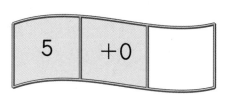

| 5 | +0 | |

7 가르기를 바르게 한 것에 ○표 하세요.

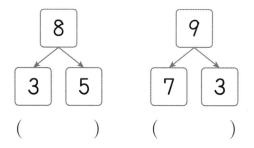

(   )   (   )

8 그림을 보고 덧셈식을 쓰려고 합니다.
□ 안에 알맞은 수를 써넣으세요.

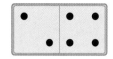

$2+\boxed{}=\boxed{}$

9 관계있는 것을 찾아 선으로 이어 보세요.

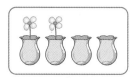   

$5-1=4$ $5-3=2$ $4-2=2$

10 다음 중 옳은 것의 기호를 쓰세요.

㉠ $0+8=0$ ㉡ $6-4=2$

(   )

11 지우개가 4개, 자가 5개 있습니다. 지우개와 자는 모두 몇 개일까요?

 식 _____

답 _____

12 뺄셈식을 두 가지 방법으로 읽어 보세요.

$$9-6=3$$

① _____

② _____

13 오른쪽 그림을 보고 □ 안에 공통으로 들어갈 수를 쓰세요.

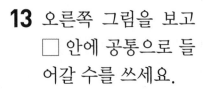

- 2+□=4
- 2와 □의 합은 4입니다.

(_____)

14 그림을 보고 덧셈 이야기를 완성하세요.

승용차 4대와 오토바이 2대가 있으므로

_____

_____

15 그림을 보고 뺄셈식을 쓰세요.

식 _____

16 모으기하여 8이 되는 두 수를 •보기•와 같이 묶어 보세요.

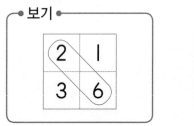

17 가위가 8개, 풀이 2개 있습니다. 가위는 풀보다 몇 개 더 많을까요?

식 _____

답 _____

18 합이 9가 되는 덧셈식을 2개 만들어 보세요.

$$\square+\square=9,\quad \square+\square=9$$

19 딸기를 진우는 3개, 경수는 2개, 민희는 4개 먹었습니다. 세 사람이 먹은 딸기는 모두 몇 개일까요?

(_____)

20 새가 5마리 앉아 있었는데 4마리가 날아갔습니다. 다시 1마리가 와서 앉았다면 지금 앉아 있는 새는 몇 마리일까요?

(_____)

1 그림을 보고 가르기를 하세요.

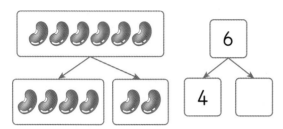

2 그림을 보고 □ 안에 알맞은 수를 써넣으세요.

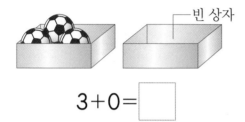

빈 상자

$3+0=$ ▢

3 가르기한 것을 보고 □ 안에 알맞은 수를 써넣으세요.

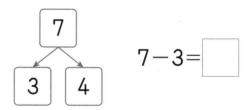

$7-3=$ ▢

⏰ 덧셈을 하세요. (**4~5**)

4 $5+3=$ ▢   **5** $2+7=$ ▢

6 빈칸에 알맞은 수를 써넣으세요.

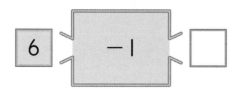

7 뺄셈식을 읽은 것을 보고 식으로 나타내세요.

9와 8의 차는 1입니다.

식 _____

8 차가 <u>틀린</u> 것을 찾아 기호를 쓰세요.

㉠ $8-5=3$ ㉡ $7-0=0$

(   )

9 덧셈식 '$6+2=8$'을 •보기•와 <u>다른</u> 방법으로 읽어 보세요.

•보기•
6 더하기 2는 8과 같습니다.

읽기 _____

10 차가 5인 뺄셈식을 찾아 기호를 쓰세요.

㉠ $9-5$ ㉡ $8-3$

(   )

11 크기를 비교하여 더 큰 것에 ○표 하세요.

$0+9$ 8

(   )   (   )

3

12 사탕이 5개, 껌이 2개 있습니다. 사탕과 껌은 모두 몇 개일까요?

식 _____

답 _____

13 합과 차를 찾아 선으로 이어 보세요.

1+8 ·

5-3 ·

· 2

· 8

· 9

14 배가 8개, 감이 7개 있습니다. 배는 감보다 몇 개 더 많을까요?

식 _____

답 _____

⏰ □ 안에 +, −를 알맞게 써넣으세요.
(15~16)

15 7 □ 2=9   **16** 8 □ 1=7

17 ㉠과 ㉡에 알맞은 수 중 더 큰 수를 기호로 쓰세요.

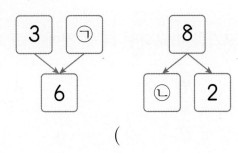

(_____)

18 ⬤ 모양은 ⬛ 모양보다 몇 개 더 많을까요?

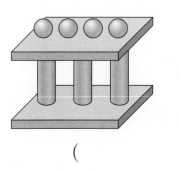

(_____)

19 세 수를 한 번씩 모두 사용하여 뺄셈식을 만들어 보세요.

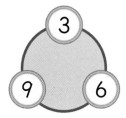

식 _____

서술형

20 그림을 보고 덧셈 또는 뺄셈 이야기를 만들어 보세요.

이야기 _____

_____

_____

3
단원평가
B

1 더 긴 것에 ◯표 하세요.

(   )

(   )

2 키가 더 큰 쪽에 ◯표 하세요.

(   )   (   )

3 무게를 비교하여 □ 안에 알맞은 말을 써넣으세요.

더 □   더 무겁다

4 담을 수 있는 양이 더 적은 것에 △표 하세요.

(   )   (   )

5 높이가 더 높은 것은 어느 것일까요?

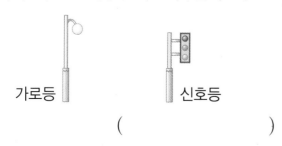

가로등   신호등

(   )

6 알맞은 말에 ◯표 하세요.

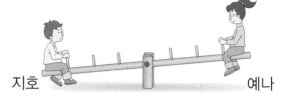

지호   예나

지호는 예나보다 더

(무겁습니다 , 가볍습니다).

7 길이를 비교하여 □ 안에 알맞은 말을 써넣으세요.

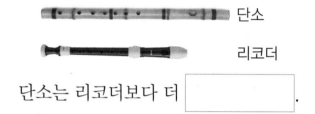

단소

리코더

단소는 리코더보다 더 □ .

8 관계있는 것끼리 선으로 이어 보세요.

· 더 좁다

· 더 넓다

9 물이 더 많이 들어 있는 것에 ◯표 하세요.

(   )   (   )

10 넓이를 비교할 때 쓰이는 말로 알맞은 것은 어느 것일까요? ……… (   )

① 더 길다   ② 더 높다
③ 더 넓다   ④ 더 무겁다
⑤ 더 짧다

11 색연필보다 더 짧은 것에 ○표 하세요.

색연필

(　　　　)

(　　　　)

12 가장 낮은 것에 △표 하세요.

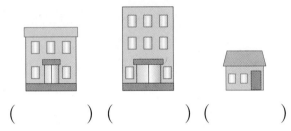

(　　　) (　　　) (　　　)

13 가장 넓은 것은 어느 것일까요?

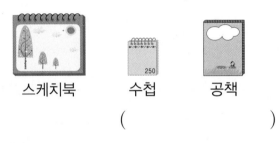

스케치북　　수첩　　공책

(　　　　　　　)

14 길이가 가장 긴 것에 ○표 하세요.

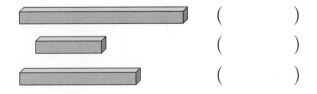

(　　　　)

(　　　　)

(　　　　)

15 ▢보다 좁은 모양과 넓은 모양을 각각 그려 넣으세요.

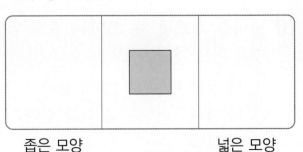

좁은 모양　　　　　　넓은 모양

16 알맞은 말에 ○표 하세요.

지우개는 (클립 , 필통)보다 더 가볍습니다.

17 물이 적게 담긴 것부터 차례로 1, 2, 3을 쓰세요.

(　　　) (　　　) (　　　)

18 알맞은 말에 ○표 하세요.

세희　　　　　선생님

(1) 선생님은 세희보다
　　　　더 (큽니다 , 작습니다).

(2) 세희의 바지는 선생님의 바지보다
　　　　더 (깁니다 , 짧습니다).

19 영은, 지효, 윤수 세 사람 중에서 키가 가장 큰 사람의 이름을 쓰세요.

영은 지효　　　윤수 영은

(　　　　　　　)

20 토끼는 돼지보다 더 가볍고, 햄스터는 토끼보다 더 가볍습니다. 가장 가벼운 동물은 무엇인지 쓰세요.

(　　　　　　　)

4

1 더 짧은 것에 △표 하세요.

———————————   (   )

————————————   (   )

2 더 무거운 것에 ○표 하세요.

(   )   (   )

3 담을 수 있는 양을 비교하려고 합니다. □ 안에 알맞은 말을 써넣으세요.

더 많다   더 [   ]

4 더 낮은 것의 기호를 쓰세요.

가   나

(   )

5 관계있는 것끼리 선으로 이어 보세요.

  •

  •

• 더 무겁다

• 더 가볍다

6 더 가벼운 것은 무엇일까요?

가위   지우개

(   )

7 물건의 길이를 비교할 때 쓰는 말을 모두 고르세요. ⋯⋯⋯⋯ (   )

① 더 높다   ② 더 짧다

③ 더 길다   ④ 더 많다

⑤ 더 무겁다

8 더 넓은 방석에 ○표 하세요.

(   )   (   )

9 □ 안에 알맞은 기호를 써넣으세요.

가   나

[   ] 는 [   ] 보다 더 좁습니다.

10 가장 넓은 칸에 색칠하세요.

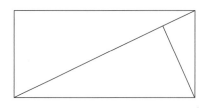

11 담을 수 있는 양이 가장 많은 것에 ○표, 가장 적은 것에 △표 하세요.

(   ) (   ) (   )

12 키가 가장 큰 사람의 이름을 쓰세요.

효진   민정   인수

(   )

13 교실 안과 자동차 안 중에서 더 넓은 곳은 어디인지 쓰세요.

(   )

14 왼쪽 그릇에 들어 있는 주스보다 주스가 더 적게 들어 있는 것을 찾아 기호를 쓰세요.

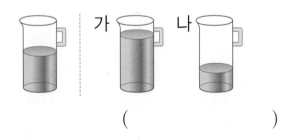

가   나

(   )

15 크레파스보다 더 긴 것에 ○표 하세요.

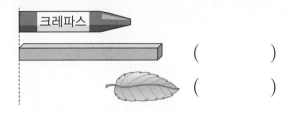

(   )

(   )

16 비교하여 □ 안에 알맞게 써넣으세요.

왼쪽 빨대의 길이가 오른쪽 빨대의 길이보다 더 [   ].

17 민기는 준호보다 무겁습니다. (   ) 안에 친구의 이름을 쓰세요.

(   )   (   )

18 가장 짧은 것에 △표 하세요.

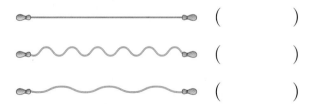

(   )

(   )

(   )

19 정우는 현아보다 키가 더 작고, 유리는 정우보다 키가 더 작습니다. 키가 가장 작은 어린이는 누구일까요?

(   )

20 물이 많이 담긴 것부터 차례로 1, 2, 3을 써넣으세요.

(   ) (   ) (   )

5. 50까지의 수

1 학년 이름:

날짜

점수

1 □ 안에 알맞은 수를 써넣으세요.

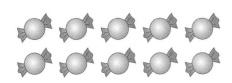

9보다 1만큼 더 큰 수는 □ 입니다.

2 그림을 보고 모으기를 하여 빈칸에 알맞은 수를 써넣으세요.

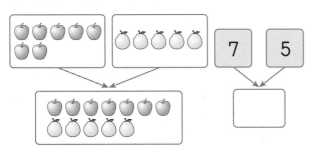

⏰ 그림을 보고 □ 안에 알맞은 수를 써넣으세요. (**3~4**)

3

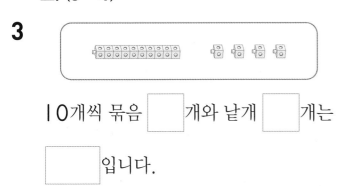

10개씩 묶음 □ 개와 낱개 □ 개는

□ 입니다.

4

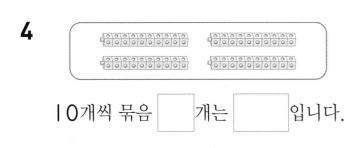

10개씩 묶음 □ 개는 □ 입니다.

5 □ 안에 알맞은 수를 써넣으세요.

10개씩 묶음	낱개
2	4

□

6 10이 되도록 ○를 더 그려 보세요.

7 □ 안에 알맞은 수를 써넣으세요.

46은 10개씩 묶음 □ 개와

낱개 □ 개입니다.

8 •보기•와 같이 수를 두 가지 방법으로 읽어 보세요.

┌─ 보기 ─────────────┐
│ 15 ➜ (십오, 열다섯) │
└────────────────────┘

19 ➜ (   ), (   )

⏰ 빈칸에 알맞은 수를 써넣으세요. (**9~10**)

9 | 23 | 24 | □ | 26 | □ |

10 | □ | 38 | 39 | □ | 41 |

11 사물함에 수가 순서대로 쓰여 있습니다. 38번 사물함을 찾아 ○표 하세요.

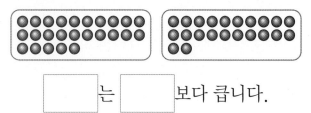

12 그림을 보고 □ 안에 알맞은 수를 써넣으세요.

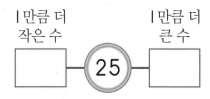

□ 는 □ 보다 큽니다.

13 빈칸에 알맞은 수를 써넣으세요.

Ⅰ만큼 더 작은 수   Ⅰ만큼 더 큰 수

□ ── 25 ── □

14 더 작은 수에 △표 하세요.

| 34 | 29 |

15 사탕 10개씩 묶음 3개와 낱개 7개는 몇 개일까요?

(   )

16 모아서 14가 되는 두 수를 찾아 색칠하세요.

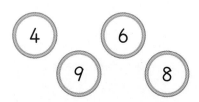

17 봉지에 귤이 7개 들어 있습니다. 귤이 10개가 되게 하려면 귤을 몇 개 더 넣어야 할까요?

(   )

18 가장 큰 수를 찾아 쓰세요.

| 24 | 43 | 35 |

(   )

19 19보다 크고 23보다 작은 수를 모두 쓰세요.

(   )

20 딱지를 근호는 31장, 영재는 서른여섯 장 가지고 있습니다. 근호와 영재 중에서 딱지를 더 많이 가지고 있는 사람은 누구일까요?

(   )

1 그림을 보고 가르기를 하여 빈칸에 알맞은 수를 써넣으세요.

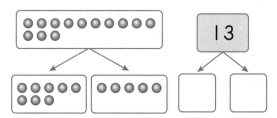

2 □ 안에 알맞은 수를 써넣으세요.

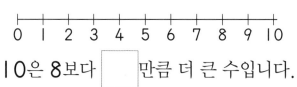

10은 8보다 □ 만큼 더 큰 수입니다.

3 그림을 보고 □ 안에 알맞은 수를 써넣으세요.

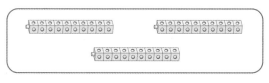

10개씩 묶음 □ 개 ➡ □

4 수로 나타내어 보세요.

스물여섯

(   )

5 곶감의 수를 세어 쓰세요.

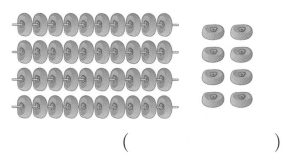

(   )

6 같은 수끼리 이어 보세요.

| 15 | · | · | 열여덟 |
| 18 | · | · | 열다섯 |

7 두 수 사이에 들어갈 수를 빈 곳에 써넣으세요.

| 11 | | 13 |

8 빈칸에 알맞은 수를 써넣으세요.

수	10개씩 묶음	낱개
38		8
19		

9 순서에 맞게 빈 곳에 알맞은 수를 써넣으세요.

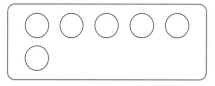

10 10이 되도록 ○를 그리고 □ 안에 알맞은 수를 써넣으세요.

6과 □ 를 모으면 10이 됩니다.

11 수의 순서를 보고 ㉠에 알맞은 수를 구하세요.

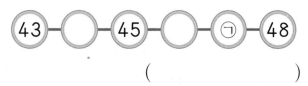

( )

12 더 큰 수에 ○표 하세요.

13 빈칸에 알맞은 수를 써넣으세요.

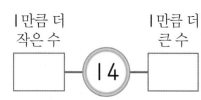

1만큼 더 작은 수   1만큼 더 큰 수

14 •보기•와 같이 수를 넣어 말을 만들어 보세요.

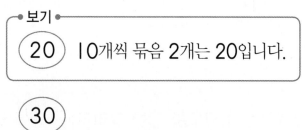

•보기•
20   10개씩 묶음 2개는 20입니다.

30 _____

15 장미가 10송이씩 5다발 있습니다. 장미는 모두 몇 송이일까요?

( )

16 17을 가르기하여 빈칸에 알맞은 수를 써넣으세요.

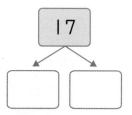

17 더 큰 수를 찾아 기호를 쓰세요.

㉠ 마흔다섯
㉡ 39보다 1만큼 더 큰 수

( )

18 작은 수부터 순서대로 써넣으세요.

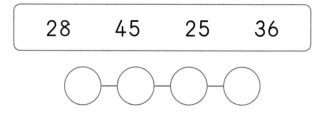

28   45   25   36

19 수 카드 3장 중에서 2장을 골라 가장 큰 몇십몇을 만드세요.

2   4   3

( )

20 •보기•의 수보다 크고 30보다 작은 수를 모두 쓰세요.

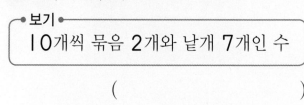

•보기•
10개씩 묶음 2개와 낱개 7개인 수

( )

수학 성취도 평가

1학년 1학기 과정을 모두 끝내셨나요?

한 학기 성취도를 확인해 볼 수 있도록 25문항으로 구성된 평가지입니다.
1학기 내용을 얼마나 이해했는지 평가해 보세요.

차세대 리더

반 .... 이름 ....

수학 성취도 평가
1단원~5단원

1 빈 곳에 알맞은 수를 써넣으세요.

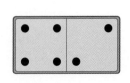
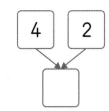

2 연필의 수를 세어 빈 곳에 써넣으세요.

3 와 같은 모양에 ○표 하세요.

(   ) (   ) (   )

4 더 긴 것에 ○표 하세요.

(   )

(   )

5 □ 안에 알맞은 수를 써넣으세요.

(1) $9+0=$ □

(2) $7-7=$ □

6 그림을 보고 덧셈식으로 나타내세요.

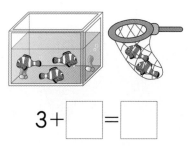

$3+$ □ $=$ □

7 왼쪽에서부터 알맞게 색칠하세요.

7	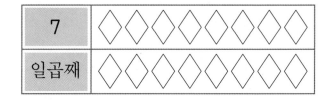
일곱째	

8 그림을 보고 알맞은 말에 ○표 하세요.

500원짜리 동전은 10원짜리 동전보다 더 (넓습니다 , 좁습니다).

9 민아의 말이 옳으면 ○표, 틀리면 ×표 하세요.

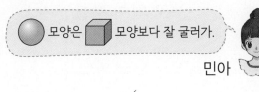

○ 모양은 □ 모양보다 잘 굴러가.

민아

(   )

10 뺄셈식을 쓰고 읽어 보세요.

 _____

읽기 _____

11 같은 수끼리 선으로 이어 보세요.

25 ·	· 서른아홉
39 ·	· 이십오

12 모아서 12가 되는 두 수를 찾아 ○표 하세요.

9	5		4	8
(   )   (   )

13 순서를 거꾸로 하여 수를 쓰세요.

14 가장 무거운 것에 ○표 하세요.

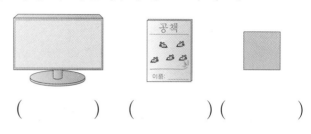

(   )   (   ) (   )

15 주어진 수보다 1만큼 더 작은 수와 1만큼 더 큰 수를 각각 써넣으세요.

16 종이배를 유리는 42개 접었고, 현수는 39개 접었습니다. 누가 더 많이 접었을까요?

(   )

17 6보다 작은 수에 모두 색칠하세요.

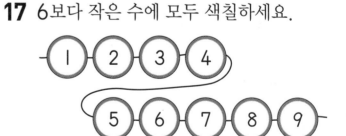

18 놀이터에 어린이가 5명 있었는데 3명이 더 왔습니다. 놀이터에 있는 어린이는 모두 몇 명일까요?

(   )

19 빈칸에 들어갈 모양을 찾아 ○표 하세요.

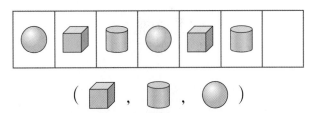

(　 , 　 , 　)

20 세 수로 덧셈식을 2개 만들어 보세요.

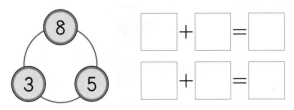

☐ + ☐ = ☐

☐ + ☐ = ☐

21 설명에 알맞은 모양을 찾아 기호를 쓰세요.

> 눕히면 잘 굴러가고 세우면 쌓을 수 있습니다.

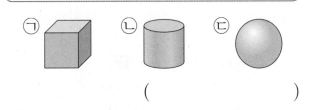

(　　　　　)

22 민정이는 동화책 전집을 번호 순서대로 꽂으려고 합니다. **37**번과 **39**번 사이에 꽂아야 하는 동화책은 몇 번일까요?

(　　　　　)

23 물이 많이 담긴 것부터 차례로 **1**, **2**, **3**을 쓰세요.

(　) (　) (　)

24 하준이가 설명하는 자물쇠의 번호를 찾아 빈 곳에 알맞게 써넣으세요.

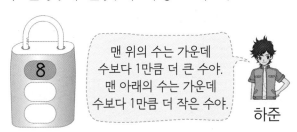

> 맨 위의 수는 가운데 수보다 1만큼 더 큰 수야. 맨 아래의 수는 가운데 수보다 1만큼 더 작은 수야.
>
> 하준

서술형

25 **20**부터 **30**까지의 수 중에서 다음의 수보다 큰 수를 모두 구하세요.

> **10**개씩 묶음 **2**개와 낱개 **6**개인 수

(1) 설명하는 수는 얼마일까요?

(　　　　　)

(2) **20**부터 **30**까지의 수 중에서 위 (1)의 수보다 큰 수를 모두 구하세요.

(　　　　　)

배움으로 행복한 내일을 꿈꾸는
천재교육 커뮤니티 안내 ...

 교재 안내부터 구매까지 한 번에!
천재교육 홈페이지

자사가 발행하는 참고서, 교과서에 대한 소개는 물론
도서 구매도 할 수 있습니다. 회원에게 지급되는 별을 모아
다양한 상품 응모에도 도전해 보세요!

 다양한 교육 꿀팁에 깜짝 이벤트는 덤!
천재교육 인스타그램

천재교육의 새롭고 중요한 소식을 가장 먼저 접하고 싶다면?
천재교육 인스타그램 팔로우가 필수!
깜짝 이벤트도 수시로 진행되니 놓치지 마세요!

 수업이 편리해지는
천재교육 ACA 사이트

오직 선생님만을 위한, 천재교육 모든 교재에 대한 정보가 담긴
아카 사이트에서는 다양한 수업자료 및 부가 자료는 물론
시험 출제에 필요한 문제도 다운로드하실 수 있습니다.

https://aca.chunjae.co.kr

 천재교육을 사랑하는 샘들의 모임
천사샘

학원 강사, 공부방 선생님이시라면 누구나 가입할 수 있는 천사샘!
교재 개발 및 평가를 통해 교재 검토진으로 참여할 수 있는 기회는 물론
다양한 교사용 교재 증정 이벤트가 선생님을 기다립니다.

 아이와 함께 성장하는 학부모들의 모임공간
튠맘 학습연구소

튠맘 학습연구소는 초·중등 학부모를 대상으로 다양한 이벤트와 함께
교재 리뷰 및 학습 정보를 제공하는 네이버 카페입니다.
초등학생, 중학생 자녀를 둔 학부모님이라면 튠맘 학습연구소로 오세요!

book.chunjae.co.kr

교재 내용 문의 ·············· 교재 홈페이지 ▶ 초등 ▶ 교재상담
교재 내용 외 문의 ·············· 교재 홈페이지 ▶ 고객센터 ▶ 1:1문의
발간 후 발견되는 오류 ·········· 교재 홈페이지 ▶ 초등 ▶ 학습지원 ▶ 학습자료실

수학의 자신감을 키워 주는 **초등 수학 교재**
난이도 한눈에 보기!

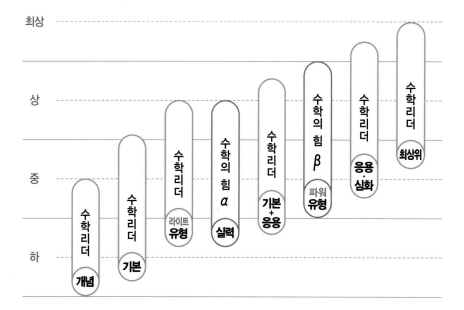

※ **주의**
책 모서리에 다칠 수 있으니 주의하시기 바랍니다.
부주의로 인한 사고의 경우 책임지지 않습니다.
8세 미만의 어린이는 부모님의 관리가 필요합니다.
※ **KC 마크**는 이 제품이 공통안전기준에 적합하였음을 의미합니다.

차세대 리더

수학리더 기본

22개정 교육과정 반영

해법 천재

BOOK 3
1-1

BOOK 1
지피지기
교과서 개념
+서술형 학습 시스템

리더가 되기 위한
공부 비법

BOOK 2
백전백승
익힘책 유형
+서술형 + 단원평가

천재교육

해법전략
포인트 **3**가지

▶ 혼자서도 이해할 수 있는 친절한 문제 풀이

▶ 참고, 주의, 중요, 전략 등 자세한 풀이 제시

▶ 다른 풀이를 제시하여 다양한 방법으로 문제 풀이 가능

① 9까지의 수

6~7쪽 ┃ 단계 교과서 바로 알기

확인 문제

1

| 2 | 2 | 2 |

| 3 | 3 | 3 |

2 (1) 예 ●○○○○
(2) ●●●●●

3 (1) 4　(2) 2

4 다섯, 오

5 ╳ ╳

한번 더! 확인

6

| 4 | 4 | 4 |

| 5 | 5 | 5 |

7 ○○○

8 (1) 3　(2) 5

9 (1) 셋, 삼
(2) 넷, 사

10 둘, 2에 ○표

---

1 사과의 수는 각각 2, 3입니다.
2, 3을 각각 따라 씁니다.

2 (1) 1은 ○를 1개 색칠합니다.
(2) 5는 ○를 5개 색칠합니다.

3 (1) 화분의 수를 세어 보면 하나, 둘, 셋, 넷이므로 4입니다.
(2) 화분의 수를 세어 보면 하나, 둘이므로 2입니다.

4 5는 다섯 또는 오라고 읽습니다.

5 사자의 수는 1(하나, 일)입니다.
원숭이의 수는 4(넷, 사)입니다.

6 지우개의 수는 각각 4, 5입니다.
4, 5를 각각 따라 씁니다.

7 자동차의 수를 세어 보면 하나, 둘, 셋이므로 ○를 3개 그립니다.

8 (1) 콩알의 수를 세어 보면 하나, 둘, 셋이므로 3입니다.
(2) 콩알의 수를 세어 보면 하나, 둘, 셋, 넷, 다섯이므로 5입니다.

9 (1) 3은 셋 또는 삼이라고 읽습니다.
(2) 4는 넷 또는 사라고 읽습니다.

---

10 닭의 수는 2(둘, 이)입니다.

참고
다섯은 5, 넷은 4입니다.

8~9쪽 ┃ 단계 교과서 바로 알기

확인 문제

1

| 6 | 6 | 6 |

| 7 | 7 | 7 |

2 6에 ○표

3 (1) 9　(2) 6

4 (　) (○)

5 여섯, 육

한번 더! 확인

6

| 8 | 8 | 8 |

| 9 | 9 | 9 |

7 7에 ○표

8 7

9 ｜ ｜

10 일곱, 일곱　답 일곱

---

2 가재의 수를 세어 보면 하나, 둘, 셋, 넷, 다섯, 여섯이므로 6입니다.

3 (1) 땅콩의 수를 세어 보면 하나, 둘, 셋, 넷, 다섯, 여섯, 일곱, 여덟, 아홉이므로 9입니다.
(2) 밤의 수를 세어 보면 하나, 둘, 셋, 넷, 다섯, 여섯이므로 6입니다.

4 • 왼쪽 도넛의 수: 여덟이므로 8입니다.
• 오른쪽 도넛의 수: 일곱이므로 7입니다.

5 6은 여섯 또는 육이라고 읽습니다.

6 버섯의 수는 각각 8, 9입니다.
8, 9를 각각 따라 씁니다.

7 물감의 수를 세어 보면 하나, 둘, 셋, 넷, 다섯, 여섯, 일곱이므로 7입니다.

8 개구리의 수를 세어 보면 일곱이므로 7입니다.

9 수박의 수를 세어 보면 여덟이므로 8입니다.
토마토의 수를 세어 보면 아홉이므로 9입니다.

10 7은 일곱 또는 칠이라고 읽습니다.

10~11쪽 2단계 **익힘책 바로 풀기**

1 6 ○ ○ ○ ○ ○ ○

2 (예) ○ ─ 1

3 (예) ○ ○ ○ ○ ○ ─ 5

4 넷에 ○표   **5** 9, 4

6 2   **7** ( )( )(○)

8

9 (예) (촛불 그림)

10
6 7 ⑧ 9 ─ 일곱(칠)
6 ⑦ 8 9 ─ 여덟(팔)

11 ( )(○)

12 ❶ 4 ❷ 8 ❸ 다은 답 다은

---

1 하나, 둘, 셋, 넷, 다섯, 여섯을 세어 가며 ○를 6개 그립니다.

2 곰의 수를 세어 보면 하나이므로 ○를 1개 그리고, 1이라고 씁니다.

3 다람쥐의 수를 세어 보면 다섯이므로 ○를 5개 그리고, 5라고 씁니다.

5 자동차의 수를 세어 보면 아홉이므로 9대입니다.
자전거의 수를 세어 보면 넷이므로 4대입니다.

6 햄버거의 수를 세어 보면 둘입니다.
→ 접시에 햄버거가 2개 있습니다.

7 꽃의 수를 세어 보면 왼쪽 꽃병부터 차례로 4, 6, 3 입니다.

9 일곱은 7입니다.
민주의 나이가 7살이므로 초 7개에 ○표 합니다.

---

11 5개는 다섯 개로 읽습니다.

참고
같은 수라도 상황에 따라 다르게 읽습니다.
예 5층은 오 층으로 읽습니다.

12~13쪽 1단계 **교과서 바로 알기**

확인 문제	**한번 더! 확인**
1 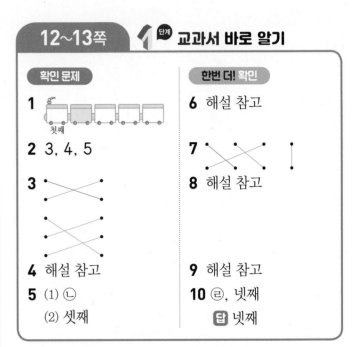 첫째	**6** 해설 참고
2 3, 4, 5	**7**
3	**8** 해설 참고
4 해설 참고	**9** 해설 참고
5 (1) ㉡ (2) 셋째	**10** ㉣, 넷째 답 넷째

---

1 왼쪽에서부터 차례로 첫째, 둘째, 셋째, 넷째, 다섯째입니다.

2 셋째는 3, 넷째는 4, 다섯째는 5로 나타냅니다.

3 앞에서부터 차례로 첫째, 둘째, 셋째, 넷째, 다섯째 입니다.

4

오른쪽에서부터 순서를 차례로 알아보면 오른쪽에 서 넷째는 사과입니다.

5 (2) 아래에서부터 순서를 세어 보 면 하늘색 서랍은 아래에서 셋째입니다.
넷째
셋째
둘째
첫째

주의
위에서부터 순서를 세어 하늘색 서랍은 둘째라고 답하지 않도록 합니다.

6
첫째

7 일곱째는 7, 여덟째는 8, 아홉째는 9로 나타냅니다.

8

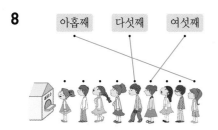

9 왼쪽에서부터 차례로 세어 아홉째에 있는 그림에만 색칠합니다.

10 왼쪽에서부터 순서를 세어 보면 흰색 책은 왼쪽에서 넷째입니다.

14~15쪽　1단계 **교과서 바로 알기**

확인 문제

1 (1) ○　(2) ×

2

3 (1) 7, 8　(2) 4, 6

4

5 3, 2
6 8, 7, 6, 5, 4

한번 더! 확인

7 (1) |, 3, 4
　　(2) 4, 5, 7

8

9 3, 4, 5, 6

10

11 6, 5
12 9, 8, 7, 6

---

5 5부터 순서를 거꾸로 세어 수를 씁니다.
➡ 5 - 4 - 3 - 2 - |

6 8부터 순서를 거꾸로 세어 4까지 수를 씁니다.

7 (1) |부터 6까지의 수를 순서대로 씁니다.
　　(2) |부터 9까지의 수를 순서대로 씁니다.

8 3부터 9까지의 수를 순서대로 이어 봅니다.

10 4부터 9까지의 수를 순서대로 이어 봅니다.

---

11 7부터 순서를 거꾸로 세어 수를 씁니다.
➡ 7 - 6 - 5 - 4 - 3

12 9부터 순서를 거꾸로 세어 6까지 수를 씁니다.

16~17쪽　2단계 **익힘책 바로 풀기**

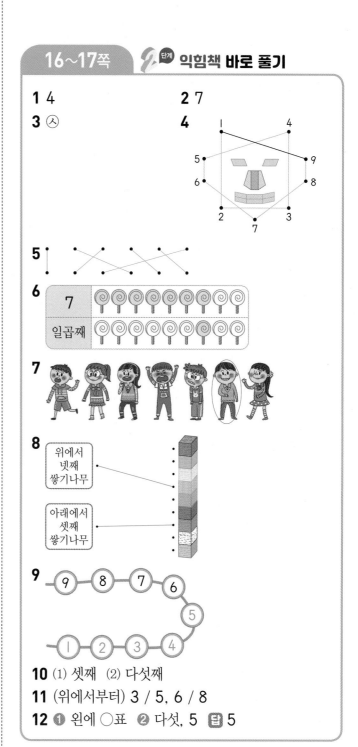

1 4　　　　**2** 7
3 (人)
4

5

6 | 7 |
　　| 일곱째 |

7

8 위에서 넷째 쌓기나무 / 아래에서 셋째 쌓기나무

9

10 (1) 셋째　(2) 다섯째
11 (위에서부터) 3 / 5, 6 / 8
12 ❶ 왼에 ○표　❷ 다섯, 5　답 5

---

2 ㉠은 6 다음의 수이므로 7입니다.

6 7은 개수를 나타내므로 왼쪽에서부터 그림 7개를 색칠하고, 일곱째는 순서를 나타내므로 왼쪽에서부터 일곱째에 있는 그림 |개만 색칠합니다.

8 • 위에서부터 순서를 세어 보면 위에서 넷째는 초록색 쌓기나무입니다.
　• 아래에서부터 순서를 세어 보면 아래에서 셋째는 보라색 쌓기나무입니다.

9 순서를 거꾸로 하여 9부터 1까지의 수를 씁니다.

10 (1) 앞에서부터 순서를 세어 보면 지희는 앞에서 셋째입니다.
　(2) 뒤에서부터 순서를 세어 보면 지희는 뒤에서 다섯째입니다.

18~19쪽 **단계** 교과서 바로 알기

확인 문제

1 (1) 예

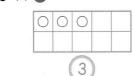

⑦

　(2) 7

2 (위에서부터) 1, 3 /
　6, 8

3 6

4 (1) 4　(2) 5

한번 더! 확인

5 (1) 예

③

　(2) 3

6 5

7 9

8 8, 7, 7　**답** 7

---

2 • 2보다 1만큼 더 작은 수는 1이고,
　　2보다 1만큼 더 큰 수는 3입니다.
　• 7보다 1만큼 더 작은 수는 6이고,
　　7보다 1만큼 더 큰 수는 8입니다.

3 수를 순서대로 세었을 때 색칠한 수 7 바로 앞의 수는 6입니다.
　따라서 7보다 1만큼 더 작은 수는 6입니다.

5 (2) 4보다 1만큼 더 작은 수는 3입니다.

6 4는 5보다 1만큼 더 작은 수이고,
　6은 5보다 1만큼 더 큰 수입니다.

7 수를 순서대로 세었을 때 다은이가 말한 수 8 바로 다음의 수는 9입니다.
　따라서 8보다 1만큼 더 큰 수는 9입니다.

20~21쪽 **1단계** 교과서 바로 알기

확인 문제

1  | 0 | 0 | 0 | 0 | ,
　영

2 1, 0

3 0, 2

4 4, 0, 2

5 (1) 0권　(2) 1권

한번 더! 확인

6 0

7 0, 1, 2

8 0 / 영

9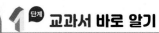

10 1, 0　**답** 0개

---

2 접시에 담겨 있는 닭다리의 수를 세어 봅니다.
　아무것도 없는 것은 0이라고 씁니다.

5 (1) 가방 안에는 아무것도 없으므로 0권입니다.
　(2) 책상 위에는 가방 안보다 책이 1권 더 많으므로 0보다 1만큼 더 큰 수인 1권이 있습니다.

10 1보다 1만큼 더 작은 수는 0입니다.

22~23쪽 **1단계** 교과서 바로 알기

확인 문제

1 적습니다에 ○표,
　작습니다에 ○표

2 5에 ○표

3 예

5 ○○○○○
7 ○○○○○○○

/ 5

4 8

5 (1) 4에 △표
　(2) 유희

한번 더! 확인

6 많습니다에 ○표,
　큽니다에 ○표

7 6에 △표

8 예

9 ○○○○○
6 ○○○○○○

/ 9

9 (1) 0에 △표
　(2) 7에 △표

10 3, 경수
　답 경수

---

2 ┌ 게는 가재보다 많습니다.
　└ 5는 2보다 큽니다.

3 5가 7보다 색칠한 개수가 더 적으므로 더 작은 수는 5입니다.

4 6: ○○○○○○
   8: ○○○○○○○○
   → 8은 6보다 큽니다.

다른 풀이
수를 순서대로 썼을 때 뒤의 수가 앞의 수보다 큰 수입니다.
1 − 2 − 3 − 4 − 5 − ⑥ − 7 − ⑧ − 9
→ 8은 6보다 큽니다.

5 (1) 7: ○○○○○○○
     4: ○○○○
     → 4는 7보다 작습니다.
   (2) 4는 7보다 작으므로 유희가 귤을 더 적게 먹었습니다.

7 ┌ 문어는 물고기보다 적습니다.
   └ 6은 7보다 작습니다.

8 9가 6보다 ○를 더 많이 그렸으므로 더 큰 수는 9입니다.

9 (2) 8: ○○○○○○○○
     7: ○○○○○○○
     → 7은 8보다 작습니다.

24~27쪽 **2**단계 **익힘책 바로 풀기**

1 4	**2** 6
3 8	**4** 2, 1, 0
5 6, 8	**6** 4에 △표
7 9에 ○표	**8** 2에 △표
9 (○)( )	

10

△ 6	7

11 예

/ 5

12 0

13 (위에서부터) 0, 2 / 4, 6

14 ❶ 6 ❷ 6 답 6권

15 (1)
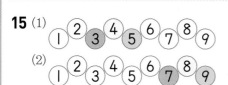
(2)

---

16 7층   **17** 하린

18 ①─②─③─④─⑤─⑥─⑦

19 ①─②─③─④─⑤─⑥─⑦

20 4, 5	**21** ㉡
22 8	**23** 4
24 4개	**25** 0, 3, 7
26 2, 4 / 6, 2	**27** ❶ 4 ❷ 5 답 5명

2 5 바로 뒤의 수는 6이므로 5보다 1만큼 더 큰 수는 6입니다.

3 9 바로 앞의 수는 8이므로 9보다 1만큼 더 작은 수는 8입니다.

4 사과의 수를 세어 봅니다.

5 • 7 바로 앞의 수는 6이므로 7보다 1만큼 더 작은 수는 6입니다.
   • 7 바로 뒤의 수는 8이므로 7보다 1만큼 더 큰 수는 8입니다.

6 귤의 수는 5입니다.
   5보다 1만큼 더 작은 수는 4입니다.

7 9: ○○○○○○○○○
   8: ○○○○○○○○
   → 9는 8보다 큽니다.

8 2: ○○
   5: ○○○○○
   → 2는 5보다 작습니다.

9 8보다 1만큼 더 큰 수는 9입니다.
   딸기의 수가 9인 것은 왼쪽 그림입니다.

10 가방은 모자보다 적습니다.
   → 6은 7보다 작습니다.

11 무당벌레의 수는 6입니다.
   6보다 1만큼 더 작은 수는 5입니다.

12 주차장에 자동차가 하나도 없으므로 주차장에 남아 있는 자동차의 수는 0입니다.

13 수를 순서대로 세었을 때 바로 앞의 수가 1만큼 더 작은 수이고 바로 뒤의 수가 1만큼 더 큰 수입니다.

15 (1) 4보다 1만큼 더 작은 수는 3이고,
4보다 1만큼 더 큰 수는 5입니다.

(2) 8보다 1만큼 더 작은 수는 7이고,
8보다 1만큼 더 큰 수는 9입니다.

16 지호 집은 도윤이 집보다 한 층 아래에 있으므로 지호 집의 층수는 8보다 1만큼 더 작은 수인 7입니다.

17 7: ○○○○○○○
9: ○○○○○○○○○
➜ 7은 9보다 작으므로 더 작은 수를 말한 사람은 하린입니다.

18 수를 순서대로 썼을 때 뒤의 수가 앞의 수보다 큰 수입니다. 5보다 뒤에 쓴 6, 7에 색칠합니다.

19 수를 순서대로 썼을 때 앞의 수가 뒤의 수보다 작은 수입니다. 4보다 앞에 쓴 1, 2, 3에 색칠합니다.

21 ㉠ 4는 6보다 작습니다.

22 □보다 1만큼 더 작은 수가 7이므로 □는 7 바로 뒤의 수인 8입니다.

23 □보다 1만큼 더 큰 수가 5이므로 □는 5 바로 앞의 수인 4입니다.

24 1부터 9까지의 수 중 5보다 작은 수: 1, 2, 3, 4
➜ 4개

25 세 수를 크기가 작은 수부터 쓰면 왼쪽에 있는 수가 가장 작은 수, 오른쪽에 있는 수가 가장 큰 수입니다.

26 6, 2, 4 중에서 가장 큰 수는 6이고, 가장 작은 수는 2입니다.

28~31쪽 단계 **서술형 바로 쓰기**

1-1 ❶ 큰에 ○표 ❷ 5 답 5살
1-2 예 ❶ 공책을 나누어 준 학생 수는 8보다 1만큼 더 작은 수입니다.
❷ 따라서 공책을 나누어 준 학생은 7명입니다.
답 7명

2-1 ❶ 5, 3 ❷ 나비 답 나비
2-2 예 ❶ 사탕: 3개, 과자: 4개, 빵: 1개
❷ 3, 4, 1 중에서 가장 작은 수는 1이므로 가장 적은 것은 빵입니다. 답 빵

3-1 ❶ 5, 5 ❷ 5, 도윤 답 도윤
3-2 예 ❶ 3보다 1만큼 더 큰 수는 4이므로 지호가 먹은 젤리는 4개입니다.
❷ 4는 5보다 작은 수이므로 젤리를 더 적게 먹은 사람은 지호입니다. 답 지호
4-1 ❷ 6, 6 답 6명
4-2 예 ❶ 앞에서부터 다섯째

(앞) ○○○○●○○ (뒤)

뒤에서부터 셋째
❷ 그린 ○의 수가 7개이므로 한 줄로 서 있는 사람은 7명입니다.
답 7명

32~34쪽 TEST **단원 마무리 하기**

1 2에 ○표   **2** (1) 8 (2) 팔
3 □ □ □ □ ○ □
4 1, 0
5
6 일곱, 칠   **7** 6
8 6에 △표   **9** (선 잇기 그림)
10

6	♪♪♪♪♪♪♪♪
여섯째	♪♪♪♪♪♪♪♪

11 컵   **12** 6, 4, 3
13

셋
7
넷
3

14 노란색

15 0개   **16** 5

17 (위에서부터) 5, 6 / 많습니다에 ○표 / 6, 5

18 (   )

    (○)

19 예 ❶ 주아네 가족 수는 5보다 1만큼 더 큰 수입니다.

    ❷ 따라서 주아네 가족은 6명입니다.

    답 6명

20 예 ❶ 앞에서부터 넷째

           뒤에서부터 넷째

    ❷ 그린 ○의 수가 7개이므로 은아네 모둠은 7명입니다.

    답 7명

---

3 왼쪽에서부터 차례로 첫째, 둘째, 셋째, 넷째, 다섯째, 여섯째입니다.

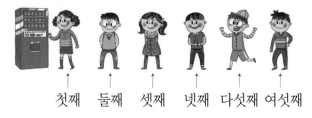

5 1부터 9까지의 수를 순서대로 쓰면 2 다음의 수는 3, 5 다음의 수는 6, 7 다음의 수는 8입니다.

> **참고**
>
> 1부터 9까지의 수를 순서대로 썼을 때 ■ 다음의 수는 ■보다 1만큼 더 큰 수입니다.

7 고추의 수를 세어 보면 일곱이므로 7입니다.

➡ 7보다 1만큼 더 작은 수는 6입니다.

8 4: ○○○○

    6: ○○○○○○

➡ 6은 4보다 큽니다.

9 • 단추는 7개입니다.

    7은 일곱 또는 칠이라고 읽습니다.

  • 옷핀은 9개입니다.

    9는 아홉 또는 구라고 읽습니다.

  • 리본은 6개입니다.

    6은 여섯 또는 육이라고 읽습니다.

---

10 6은 개수를 나타내므로 왼쪽에서부터 그림 6개를 색칠하고, 여섯째는 순서를 나타내므로 왼쪽에서부터 여섯째에 있는 그림 1개에만 색칠합니다.

11 6은 7보다 작습니다.

➡ 컵은 냄비보다 적습니다.

12 8부터 순서를 거꾸로 하여 수를 씁니다.

➡ 8 − 7 − 6 − 5 − 4 − 3

13 쓰러진 볼링 핀의 수를 세어 보면 셋이므로 3입니다.

> **참고**
>
> 3은 셋 또는 삼이라고 읽습니다.
> 4는 넷 또는 사라고 읽습니다.

14

➡ 여섯째와 여덟째 사이에 올라가고 있는 풍선은 노란색 풍선입니다.

15 바구니에 아무것도 없으므로 남아 있는 달걀은 0개입니다.

16 7: ○○○○○○○

    5: ○○○○○

    9: ○○○○○○○○○

➡ 가장 작은 수는 5입니다.

> **다른 풀이**
>
> 1 − 2 − 3 − 4 − ⑤ − 6 − ⑦ − 8 − ⑨
> ➡ 수를 순서대로 썼을 때 앞의 수가 뒤의 수보다 작은 수이므로 가장 작은 수는 5입니다.

18 • 3은 2 보다 1만큼 더 큰 수입니다.

  • 2보다 1만큼 더 큰 수는 3 입니다.

➡ 3은 2보다 큽니다.

19

채점 기준		
❶ 주아네 가족 수 5보다 1만큼 더 큰 수라고 씀.	4점	5점
❷ 주아네 가족 수를 구함.	1점	

20

채점 기준		
❶ 은아의 위치를 ○를 그려 나타냄.	3점	5점
❷ 은아네 모둠 학생 수를 구함.	2점	

2 여러 가지 모양

38~39쪽 1단계 교과서 바로 알기

확인 문제	한번 더! 확인
1~2	**6~7**

3 ⬜에 ○표	**8** ⬤에 ○표
4 ( )(×)( )	**9** ㉡
5 (1) ㉡, ㉣	**10** ㉠, ㉢, ㉤, ㉥ / 4
(2) 2개	답 4개

1 ⬜ 모양: 국어사전, 주사위

2 ⬤ 모양: 탬버린, 피리

4 음료수 캔은 ⬤ 모양입니다.

5 (2) ⬜ 모양은 큐브, 필통으로 모두 2개입니다.

6 ⚪ 모양: 오렌지, 농구공

7 ⬜ 모양: 선물 상자, 나무토막

9 ㉡ 통조림 캔은 ⬤ 모양입니다.

10 ⬤ 모양은 과자 상자, 김밥, 케이크, 풀로 모두 4개입니다.

40~41쪽 1단계 교과서 바로 알기

확인 문제	한번 더! 확인
1 ⬜에 ○표	**6** ⬤에 ○표
2 (○)(○)( )	**7** ( )(×)( )
3 ( )	**8** ✕
(○)	
4 (○)( )	**9** 다은
5 (1) ㉠, ㉡, ㉣ / ㉢	**10** ㉠, ㉡, ㉢ / ㉣ / ㉥
(2) ㉢	답 ㉣

1 서랍장, 텔레비전, 휴지 상자는 모두 ⬜ 모양이므로 ⬜ 모양을 모은 것입니다.

---

2 백과사전과 전자레인지는 모두 ⬜ 모양입니다.

3 ⬜ 모양은 네모난 상자 모양처럼 생겼으므로 둥근 기둥 모양은 알맞지 않습니다.

4 오른쪽 그림은 ⬜ 모양과 ⬤ 모양을 모은 것입니다.

5 (2) ㉠, ㉡, ㉣은 ⬜ 모양이고, ㉢은 ⬤ 모양이므로 모양이 다른 물건은 ㉢입니다.

6 음료수 캔, 통조림 캔, 단소는 모두 ⬤ 모양이므로 ⬤ 모양을 모은 것입니다.

7 탬버린은 ⬤ 모양입니다.

8 ⬤ 모양은 깡통 모양, ⚪ 모양은 구슬 모양이 알맞습니다.

9 다은이는 모두 ⚪ 모양을 모았습니다.
지호는 ⚪ 모양과 ⬤ 모양을 모았습니다.

10 ㉠, ㉡, ㉢은 ⬤ 모양이고, ㉣은 ⚪ 모양이므로 모양이 다른 물건은 ㉣입니다.

42~43쪽 2단계 익힘책 바로 풀기

1 (○)( )	**2** ( )(○)
3 ⬜에 ○표	**4** ㉢
5 (○)( )(○)	**6** 도윤
7 ㉡, ㉢	**8** ㉡
9 ✕	
10	

11 지호
12 ❶ 2개, 1개, 3개 ❷ ⚪에 ○표
답 ⚪에 ○표

1 작은북: ⬤ 모양, 탁구공: ⚪ 모양

2 통조림 캔: ⬤ 모양, 위인전: ⬜ 모양

3 선물 상자, 구급 상자는 ◻️모양입니다.

4 ㉢ 주사위는 ◻️모양입니다.

5 가운데 블록은 ◻️모양입니다.

6 지유: 필통은 ◻️모양입니다.

7 ⚪모양은 ㉡ 야구공, ㉢ 토마토입니다.

> **참고**
> · ◻️모양: ㉣ 필통, ㉤ 냉장고
> · ⬭모양: ㉠ 드럼통, ㉥ 양초

8 ㉠ 세탁기, 과자 상자는 ◻️모양이고, 케이크는 ⬭
모양입니다.
㉡ 비치볼, 털실 뭉치, 구슬은 모두 ⚪모양입니다.

9 · 케이크, 물통: ⬭모양
· 상자, 과자 상자: ◻️모양
· 농구공, 축구공: ⚪모양

11 동화책: ◻️모양
다은: ◻️모양, 지호: ⬭모양, 하린: ◻️모양
➡ 동화책과 모양이 다른 물건을 가지고 있는 사람
은 지호입니다.

12 ❶ ◻️모양: 나무토막, 휴지 상자 ➡ 2개
⬭모양: 필통 ➡ 1개
⚪모양: 풍선, 수박, 야구공 ➡ 3개
❷ 수의 크기를 비교하면 3이 가장 크므로 가장 많은
모양은 ⚪모양입니다.

44~45쪽   1단계 교과서 바로 알기

확인 문제	한번 더! 확인
1 (◯) ( )	**5** ( ) (◯)
2 ◻️에 ◯표	**6** ⚪에 ◯표
3 ㉡	**7** (1) ◯ (2) ×
4 (1) ⚪에 ◯표 (2) ㉢	**8** ◻️에 ◯표, ㉡ **답** ㉡

1 ◻️모양은 뾰족한 부분이 있고, 둥근 부분은 없습니다.

---

2 ◻️모양은 뾰족한 부분과 평평한 부분이 모두 있습
니다.

3 ⚪모양은 둥근 부분만 있어서 잘 쌓을 수 없지만
잘 굴러갑니다.

4 (1) 여러 방향으로 잘 굴러가지만 쌓을 수 없는 모양
은 ⚪모양입니다.
(2) ⚪모양의 물건은 ㉢ 테니스공입니다.

5 ⬭모양은 뾰족한 부분이 없고, 둥근 부분이 있습니다.

6 ⚪모양은 둥근 부분만 있습니다.

7 (1) ⬭모양은 평평한 부분으로 잘 쌓을 수 있습니다.
(2) ⬭모양은 평평한 부분과 둥근 부분이 모두 있어
서 둥근 부분으로 눕혀서 굴러야 굴러갑니다.

> **중요**
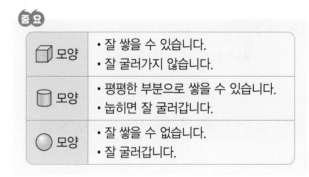
>
> | ◻️ 모양 | · 잘 쌓을 수 있습니다.
· 잘 굴러가지 않습니다. |
> |---|---|
> | ⬭ 모양 | · 평평한 부분으로 쌓을 수 있습니다.
· 눕히면 잘 굴러갑니다. |
> | ⚪ 모양 | · 잘 쌓을 수 없습니다.
· 잘 굴러갑니다. |

8 잘 쌓을 수 있지만 잘 굴러가지 않는 모양은 ◻️모양
이고, ◻️모양의 물건은 ㉡ 휴지 상자입니다.

46~47쪽   1단계 교과서 바로 알기

확인 문제	한번 더! 확인
1 ⬭에 ◯표	**6** ◻️에 ◯표
2 ◻️, ⬭에 ◯표	**7** ⬭, ⚪에 ◯표
3 3개	**8** 4개
4 ( ) (◯)	**9** ⚪
5 (1) ◻️, ⬭에 ◯표 (2) ⚪에 ×표	**10** ⬭에 ×표

1 ⬭모양을 사용하여 양초 모양을 만들었습니다.

2 ◻️모양 1개, ⬭모양 4개를 사용하여 만들었습니다.

3 ▱ 모양 3개를 사용하여 탁자 모양을 만들었습니다.

4 왼쪽 모양은 ▱ 모양과 ▯ 모양으로 만든 것입니다.

6 ▱ 모양을 사용하여 의자 모양을 만들었습니다.

7 ▯ 모양 3개, ⬤ 모양 2개를 사용하여 만들었습니다.

8 ▱ 모양 4개를 사용하여 케이크 모양을 만들었습니다.

9 보기 의 모양은 ▯ 모양 1개, ▱ 모양 2개, ⬤ 모양 2개입니다.

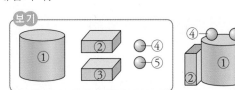

따라서 보기 의 모양을 모두 사용하여 만든 것입니다.

10 게 모양을 만드는 데 사용한 모양은 ▱, ⬤ 모양이므로 사용하지 않은 모양은 ▯ 모양입니다.

48~49쪽 2단계 **익힘책 바로 풀기**

1 ⬤

2 ⬤에 ◯표

3 ▱에 △표

4 （선 연결）

5 ㉠

6 ㉡, ㉣

7 ㉢

8 （선 연결）

9
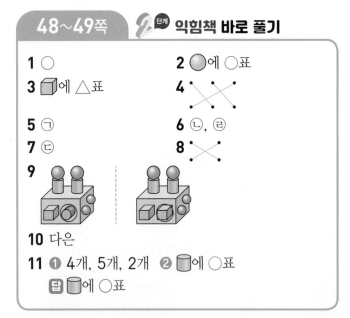

10 다은

11 ❶ 4개, 5개, 2개 ❷ ▯에 ◯표
답 ▯에 ◯표

1 ▱ 모양은 평평한 부분과 뾰족한 부분이 있습니다.

참고
알맞은 모양 찾기

▱ 모양	• 평평한 부분과 뾰족한 부분이 모두 있습니다.
▯ 모양	• 평평한 부분과 둥근 부분이 모두 있습니다.
⬤ 모양	• 둥근 부분만 있습니다.

3 기차 모양을 만드는 데 사용한 모양은 ▱, ⬤ 모양이므로 사용하지 않은 모양은 ▯ 모양입니다.

4 ▱ 모양은 잘 굴러가지 않지만 쌓을 수 있습니다.
▯ 모양은 눕히면 잘 굴러가고 세우면 쌓을 수 있습니다.
⬤ 모양은 여러 방향으로 잘 굴러가지만 쌓을 수 없습니다.

5 ㉠ ⬤ 모양 ㉡ ▱ 모양 ㉢ ▯ 모양 ㉣ ▱ 모양
어느 쪽으로도 잘 쌓을 수 없는 것은 ⬤ 모양입니다.
➡ ㉠

주의
㉢은 평평한 부분으로 쌓으면 쌓을 수 있습니다.

6 뾰족한 부분과 평평한 부분이 보이므로 ▱ 모양의 일부분입니다. ➡ ㉡, ㉣

참고
일부분을 보고 알맞은 모양 찾기

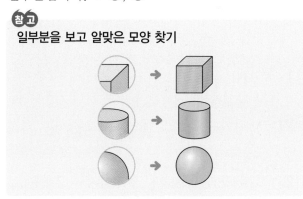

7 ㉠ ▯ 모양 ㉡ ▱ 모양 ㉢ ⬤ 모양
➡ 둥근 부분만 있는 것은 ⬤ 모양이므로 주하가 만진 물건은 ㉢입니다.

8 왼쪽에 있는 모양과 오른쪽에 만들어진 모양을 비교하여 찾습니다.

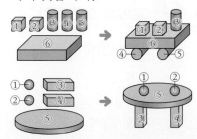

9 왼쪽과 오른쪽의 모양을 비교하여 서로 다른 부분을 찾습니다.

10 ⬤ 모양은 둥근 부분만 있으므로 여러 방향으로 잘 굴러갑니다.

11 ❶ 🔲 모양은 4개, 🔵 모양은 5개, ⚪ 모양은 2개
입니다.
❷ 5개를 사용한 모양은 🔵 모양입니다.

주의
모양의 수를 셀 때 빠뜨리거나 두 번 세지 않도록 서로
다른 표시를 하면서 셉니다.

50~53쪽 3단계 서술형 바로 쓰기

1-1 ❶ 🔵, ⚪에 ○표 ❷ 보온병, 구슬
답 보온병, 구슬

1-2 예 ❶ 평평한 부분이 있는 모양:
🔲 모양, 🔵 모양
❷ 위 ❶에서 구한 모양의 물건: 주사위, 통조림 캔
답 주사위, 통조림 캔

2-1 ❶ ⚪에 ○표 / 🔲, 🔵에 ○표 ❷ 가
답 가

2-2 예 ❶ 가와 나에서 각각 모은 모양을 모두 찾기
가: 🔲 모양, ⚪ 모양
나: 🔵 모양
❷ 같은 모양끼리 모은 것의 기호: 나
답 나

- - - - - - - - - -

3-1 ❶ 2, 1 ❷ 3 답 3개

3-2 예 ❶ 🔵 모양: 1개, ⚪ 모양: 3개
❷ 🔵 모양과 ⚪ 모양은 모두 4개입니다.
답 4개

4-1 ❶ 2, 3 ❷ ㉠ 답 ㉠

4-2 예 ❶ 사용한 모양의 수 구하기
🔲 모양: 2개, 🔵 모양: 5개, ⚪ 모양: 3개
❷ 가장 적게 사용한 모양의 기호: ㉠
답 ㉠

1-1 참고
둥근 부분이 있는 모양: 🔵 모양, ⚪ 모양

1-2 참고
평평한 부분이 있는 모양: 🔲 모양, 🔵 모양

2-1 먼저 가와 나에서 모은 모양을 각각 찾은 다음 한 가
지 모양으로만 모은 것을 찾습니다.

3-1 • 🔲 모양: 금고, 비누 → 2개
• ⚪ 모양: 축구공 → 1개
➡ 🔲 모양과 ⚪ 모양을 이어서 세어 보면 하나,
둘, 셋이므로 모두 3개입니다.

3-2 • 🔵 모양: 양초 → 1개
• ⚪ 모양: 비치볼, 농구공, 테니스공 → 3개
➡ 🔵 모양과 ⚪ 모양을 이어서 세어 보면 하나,
둘, 셋, 넷이므로 모두 4개입니다.

4-1

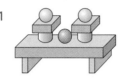

🔲 모양: 5개, 🔵 모양: 2개, ⚪ 모양: 3개
➡ 가장 많이 사용한 모양은 🔲 모양입니다.

4-2

🔲 모양: 2개, 🔵 모양: 5개, ⚪ 모양: 3개
➡ 가장 적게 사용한 모양은 🔲 모양입니다.

54~56쪽 TEST 단원 마무리 하기

1 (○)( )( ) **2** (○)( )( )
3 ⚪에 ○표 **4** ( )( )(×)
5 ⚪에 ○표 **6** ( )(○)
7 ⚪에 ○표 **8** ✕ (선 연결)
9 3개 **10** ⚪에 △표
11 ㉢ **12** 2개
13 ㉡ **14** ㉠
15 ㉠ **16** 1개, 4개
17 ㉡ **18** (○)( )(△)
19 예 ❶ 지유가 설명하는 모양: 🔲 모양
❷ 위 ❶에서 구한 모양의 물건: 벽돌
답 벽돌
20 예 ❶ 사용한 모양의 수 구하기
🔲 모양: 3개, 🔵 모양: 2개, ⚪ 모양: 4개
❷ 가장 적게 사용한 모양의 기호: ㉡
답 ㉡

1 주사위는 ◻ 모양, 케이크는 ⬭ 모양, 축구공은 ○ 모양입니다.

2 물통은 ⬭ 모양, 털실은 ○ 모양, 휴지 상자는 ◻ 모양입니다.

3 수박은 ○ 모양입니다.

4 상자, 보관함은 ◻ 모양이고, 통조림 캔은 ⬭ 모양입니다.
➡ 나머지와 모양이 다른 하나는 통조림 캔입니다.

5 팔찌 모양은 ○ 모양 9개를 사용하여 만든 것입니다.

6 왼쪽은 ⬭ 모양과 ◻ 모양을 모은 것이고, 오른쪽은 ◻ 모양을 모은 것이므로 같은 모양끼리 모은 것은 오른쪽입니다.

7 여러 방향으로 잘 굴러가는 모양은 ○ 모양입니다.

8 볼링공은 ○ 모양, 바둑판은 ◻ 모양, 화장품 통은 ⬭ 모양입니다.

9 ◻ 모양은 3개 사용했습니다.

10 ◻ 모양 3개, ⬭ 모양 4개를 사용하여 만들었으므로 사용하지 않은 모양은 ○ 모양입니다.

11 ㉠은 ○ 모양이므로 ○ 모양을 찾으면 ㉢입니다.

12 평평한 부분과 뾰족한 부분이 모두 있는 것은 ◻ 모양이므로 ㉡, ㉣입니다. ➡ 2개

> **참고**
> ⬭ 모양은 평평한 부분과 둥근 부분이 있고, ○ 모양은 둥근 부분만 있습니다.

13 평평한 부분이 없는 모양은 ○ 모양입니다.
○ 모양의 물건은 ㉡입니다.

> **참고**
> ◻ 모양과 ⬭ 모양은 평평한 부분이 있습니다.

14 평평한 부분과 둥근 부분이 보이므로 ⬭ 모양의 일부분입니다.
⬭ 모양의 물건은 ㉠입니다.

> **참고**
>

15 주어진 물건의 모양은 ⬭ 모양입니다.
⬭ 모양은 평평한 부분과 둥근 부분이 모두 있기 때문에 눕히면 잘 굴러가고 평평한 부분으로 쌓아야 쌓을 수 있습니다.
따라서 바르게 설명한 것은 ㉠입니다.

16 우주선 모양은 ◻ 모양 1개, ⬭ 모양 4개를 사용하여 만들었습니다.

> **참고**
> ○ 모양은 사용하지 않았습니다.

17 주어진 모양은 ◻ 모양 1개, ⬭ 모양 2개, ○ 모양 2개입니다.
따라서 주어진 모양을 모두 사용하여 만든 모양은 ㉡입니다.

> **참고**
> ㉠은 ◻ 모양 1개, ⬭ 모양 3개, ○ 모양 1개를 사용하여 만든 모양입니다.

18 ◻ 모양: 4개, ⬭ 모양: 2개, ○ 모양: 1개
따라서 가장 많은 모양은 ◻ 모양, 가장 적은 모양은 ○ 모양입니다.

19

채점 기준		
❶ 지유가 설명하는 모양이 어떤 모양인지 바르게 씀.	3점	5점
❷ 위 ❶에서 구한 모양의 물건을 바르게 찾아 씀.	2점	

20 수의 크기를 비교하면 2가 가장 작으므로 가장 적게 사용한 모양은 ⬭ 모양입니다. ➡ ㉡

채점 기준		
❶ ◻ ⬭ ○ 모양의 개수를 바르게 세어 구함.	3점	5점
❷ 가장 적게 사용한 모양을 찾아 기호를 씀.	2점	

3 덧셈과 뺄셈

1 단계 **교과서 바로 알기**

확인 문제

1 (1) 해설 참고
　　(2) 9

2 9

3 (위에서부터) 7, 8

4 (1) ◯◯◯◯◯◯◯
　　(2) 7개

한번 더! 확인

5 (1) ◯◯◯◯◯
　　(2) 6

6 |

7 4

8 ◯◯◯◯ / 4
　　답 4장

참고
2부터 9까지의 수를 모으기와 가르기

2	3	4	5	6	7	8	9
							0, 9
						0, 8	1, 8
					0, 7	1, 7	2, 7
				0, 6	1, 6	2, 6	3, 6
			0, 5	1, 5	2, 5	3, 5	4, 5
		0, 4	1, 4	2, 4	3, 4	4, 4	5, 4
	0, 3	1, 3	2, 3	3, 3	4, 3	5, 3	6, 3
0, 2	1, 2	2, 2	3, 2	4, 2	5, 2	6, 2	7, 2
1, 1	2, 1	3, 1	4, 1	5, 1	6, 1	7, 1	8, 1
2, 0	3, 0	4, 0	5, 0	6, 0	7, 0	8, 0	9, 0

1 (1) ◯◯◯◯◯◯◯◯◯

8 9는 5와 4로 가를 수 있으므로 동생이 가진 색종이는 4장입니다.

1 단계 **교과서 바로 알기**

확인 문제

1 4 / 4

2 7

3 (1) 6　(2) 7

4 (1) 5　(2) 5개

한번 더! 확인

5 (위에서부터) 3, | / 3, |

6 2, 4

7 (1) 4　(2) 3

8 5 / 5, 5　답 5개

---

4 사탕이 왼손에 3개, 오른손에 2개 있습니다. 3과 2를 모으면 5이므로 사탕을 모으면 모두 5개입니다.

2 단계 **익힘책 바로 풀기**

1 5　　　　**2** 8

3 2　　　　**4** |

5 9　　　　**6** |

7 (　)(◯)　**8** (◯)(　)(　)

9 3　　　　**10** ✕

11 예 8, | / 예 2, 7　**12** 요구르트

13 예

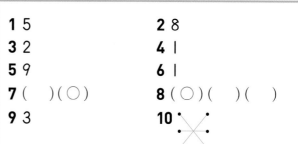

8		
●◯◯◯◯◯◯◯		7
●●◯◯◯◯◯◯	2	6
●●●◯◯◯◯◯	3	5
●●●●◯◯◯◯	4	4
●●●●●◯◯◯	5	3
●●●●●●◯◯	6	2

14 ❶ 7　❷ 7, 5 / 5　답 5장

2 6과 2를 모으면 8이 됩니다.

3 젤리 6개는 4개와 2개로 가를 수 있습니다.

4 젤리 6개는 |개와 5개로 가를 수 있습니다.

5 5와 4를 모으면 9입니다.

6 7은 6과 |로 가를 수 있습니다.

7 3과 2를 모으면 5입니다.

8 • 5와 3을 모으면 8입니다.
　 • 2와 5를 모으면 7입니다.
　 • |과 8을 모으면 9입니다.

9 9는 6과 3으로 가를 수 있습니다.

10 |과 5, 3과 3, 4와 2를 모으면 6입니다.

11 9를 가르기하는 방법은 여러 가지입니다.

참고
9는 0과 9, 1과 8, 2와 7, 3과 6, 4와 5, 5와 4, 6과 3, 7과 2, 8과 1, 9와 0으로 가를 수 있습니다.

12 달걀은 4와 4를 모으면 8이고, 요구르트는 5와 2를 모으면 7입니다.
따라서 같은 종류끼리 모아서 7이 되는 것은 요구르트입니다.

13 8을 가르기하는 방법은 여러 가지입니다.

> **참고**
>
> 8은 0과 8, 1과 7, 2와 6, 3과 5, 4와 4, 5와 3, 6과 2, 7과 1, 8과 0으로 가를 수 있습니다.

14 **①**   **②**

66~67쪽 **1**단계 **교과서 바로 알기**

확인 문제	한번 더! 확인
1 (○) ( )	**5** ○
2 1, 4 / 4	**6** 3, 5 / 5
3 사자 4마리와 호랑이 3마리가 있습니다. 사자와 호랑이는 모두 ☐7☐ 마리입니다.	**7** 얼룩말 버스 4대가 있는데, 악어 버스 2대가 더 들어와 버스는 모두 ☐6☐ 대입니다.
4 (1) 5+1=6 / 1+6=7 (2) ㉠	**8** 3+4=7 / 3+5=8 / ㉡에 ○표 **답** ㉡

1 빨간색 모형 4개와 초록색 모형 3개의 합은 7개입니다.
➡ 4+3=7

2 3+1=4는 '3 더하기 1은 4와 같습니다.'라고 읽을 수도 있습니다.

4 '5와 1의 합은 6입니다.'는 5+1=6으로, '1 더하기 6은 7과 같습니다.'는 1+6=7로 쓸 수 있습니다.

5 어항에 있는 파란색 물고기 2마리와 빨간색 물고기 5마리를 더하면 모두 7마리입니다.
➡ 2+5=7

6 2+3=5는 '2와 3의 합은 5입니다.'라고 읽을 수도 있습니다.

7 버스는 모두 몇 대인지 합하는 상황으로 이야기를 만듭니다.

8 '3 더하기 4는 7과 같습니다.'는 3+4=7로, '3과 5의 합은 8입니다.'는 3+5=8로 쓸 수 있습니다.

68~69쪽 **1**단계 **교과서 바로 알기**

확인 문제	한번 더! 확인
1 6, 6마리	**5** (표) / 9개
2 (위에서부터) 9 / (○) ( )	**6** (위에서부터) 7 / ( ) (○)
3 2, 7 / 2+5=7	**7** 9, 9 / 같습니다에 ○표
4 (1) **예** 7+2=9 (2) 9개	**8** **덧셈식** 3+3=6 **답** 6자루

2 왼쪽 그림에서 전체 학생 수를 구하는 덧셈은 5+4이므로 주어진 덧셈식에 알맞은 그림이고, 오른쪽 그림에서 전체 학생 수를 구하는 덧셈은 4+4이므로 주어진 덧셈식에 알맞은 그림이 아닙니다.
➡ 5+4=9

3 **중요**
> 두 수를 바꾸어 더해도 합이 같습니다.
>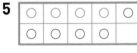

4 (지영이가 가지고 있는 구슬 수)
=(흰색 구슬 수)+(검은색 구슬 수)
=7+2=9(개)

5 초록색 사탕 4개에 이어서 분홍색 사탕 5개만큼 ○를 그리면 ○는 모두 9개이므로 사탕은 모두 9개입니다.

6 왼쪽 그림에서 전체 북극곰의 수를 구하는 덧셈은 2+4이므로 주어진 덧셈식에 알맞은 그림이 아니고, 오른쪽 그림에서 전체 학생 수를 구하는 덧셈은 3+4이므로 주어진 덧셈식에 알맞은 그림입니다.
➜ 3+4=7

8 (지유가 가지고 있는 연필 수)
＝(소희가 가지고 있는 연필 수)+3
＝3+3=6(자루)

70~71쪽 단계 **익힘책 바로 풀기**

1 8
2 7 / 7, 7
3  / 3, 8

4 (선 잇기)
5 I+5=6 / 5+I=6

6 ㉡
7 (1) 9 (2) 5
8 예 5+4=9 / 예 5와 4의 합은 9입니다.
9 5마리

10 장난감 진열대에 자동차가 [4] 대, 트럭이 [2] 대
있으므로 자동차와 트럭은 모두 [6] 대입니다.

11 7+2, 2+7에 ○표
12 ❶ 4 / 예 3+4=7
  ❷ 5 / 2 / 예 5+2=7
  덧셈식1 예 3+4=7
  덧셈식2 예 5+2=7   답 7명

---

2 덧셈식 5+2=7

읽기 ┌ 5 더하기 2는 7과 같습니다.
    └ 5와 2의 합은 7입니다.

3 물고기 5마리에 3마리를 더 넣으면 8마리입니다.
➜ 5+3=8

4 • 양 4마리와 염소 2마리 ➜ 4+2=6
  • 칼 I개와 포크 4개 ➜ I+4=5

6 ㉡ 우유 2개와 빵 2개 ➜ 2+2=4

---

8 5+4=9는 '5 더하기 4는 9와 같습니다.'라고 읽을 수도 있습니다.

9 (동물원에 있는 호랑이의 수)
＝(수컷 호랑이의 수)+(암컷 호랑이의 수)
＝2+3=5(마리)

10 전략
덧셈 이야기를 만들 때는 '모두 ~입니다.'를 넣어 만듭니다.

11 3+5=8, 7+2=⑨, 2+4=6,
4+3=7, 2+7=⑨, 3+2=5이므로 합이 같은 두 덧셈은 7+2, 2+7입니다.

다른 풀이
수의 순서를 바꾸어 더해도 합이 같습니다.
➜ 7+2=2+7이므로 합이 같은 두 덧셈은 7+2, 2+7입니다.

72~73쪽 단계 **교과서 바로 알기**

확인 문제	한번 더! 확인
1 ( ) (○)	**6** ○
2 3	**7** 2
3 3 / 차, 3	**8** 6 / 빼기, 6
4 (선 잇기)	**9** (선 잇기)
5 (1) 7, I	**10** 뺄셈식 9-2=7
(2) I개	답 7개

1 연두색 구슬 6개와 주황색 구슬 2개를 하나씩 짝 지어 보면 연두색 구슬이 4개 남습니다.
➜ 6-2=4

3 6-3=3은 '6 빼기 3은 3과 같습니다.'라고 읽을 수도 있습니다.

4 • 조개 6개에서 4개를 꺼내면 2개가 남습니다.
  ➜ 6-4=2
  • 참새가 7마리 앉아 있다가 5마리가 날아가서 남은 참새는 2마리입니다.
  ➜ 7-5=2

5 (1) 처음 풍선 수에서 터진 풍선 수를 빼는 뺄셈식을 만들면 8−7=1입니다.

(2) 8−7=1이므로 터지지 않은 풍선은 1개입니다.

6 초 8개 중에서 2개가 꺼졌으므로 불이 켜져 있는 초는 6개입니다. ➡ 8−2=6

8 7−1=6은 '7과 1의 차는 6입니다.'라고 읽을 수도 있습니다.

9 • 야구공 4개는 야구 글러브 2개보다 2개 더 많습니다. ➡ 4−2=2

• 아이스크림 5개 중에서 1개를 먹으면 남은 아이스크림은 4개입니다. ➡ 5−1=4

10 (지금 날리고 있는 연의 수)
=(처음에 날리고 있던 연의 수)
  −(땅에 떨어진 연의 수)
=9−2=7(개)

5 뺀 풍선이 3개이므로 ○를 /으로 3개 지우면 남은 ○는 4개입니다.
따라서 남은 풍선은 4개입니다.

6 우유와 빵을 하나씩 짝 지어 보면 우유가 3개 더 많습니다. ➡ 9−6=3

7 왼쪽 그림에서 울타리 안에 남아 있는 돼지 수를 구하는 뺄셈은 4−1이므로 주어진 뺄셈식에 알맞은 그림이고, 오른쪽 그림에서 남은 토끼의 수를 구하는 뺄셈은 4−2이므로 주어진 뺄셈식에 알맞은 그림이 아닙니다.
➡ 4−1=3

8 연필이 더 적게 있으므로 색연필 수에서 적게 있는 수만큼 빼면 연필의 수를 구할 수 있습니다.
➡ (연필의 수)=(색연필의 수)−5
      =9−5=4(자루)

74~75쪽 **1** 단계 **교과서 바로 알기**

확인 문제	한번 더! 확인
1 1 / 1개	**5** 예
	○○○○○⊘⊘,
	4개
2 4, 4	**6** 예 6, 3
3 (위에서부터) 3 /	**7** (위에서부터) 3 /
( ) (○)	(○) ( )
4 (1) 3, 5	**8** 뺄셈식 9−5=4
(2) 5개	답 4자루

2 물약 병과 알약 병을 하나씩 짝 지어 보면 물약 병이 4개 더 많습니다.
➡ 8−4=4

3 왼쪽 그림에서 남은 수박의 수를 구하는 뺄셈은 6−3이므로 주어진 뺄셈식에 알맞은 그림이 아니고, 오른쪽 그림에서 남은 바나나 수를 구하는 뺄셈은 5−2이므로 주어진 뺄셈식에 알맞은 그림입니다.
➡ 5−2=3

4 (1) (귤의 수)−(사과의 수)=8−3=5(개)

76~77쪽 **2** 단계 **익힘책 바로 풀기**

1 3   **2** 1
3 예

○○⊘⊘	/ 2
⊘⊘	

4 예

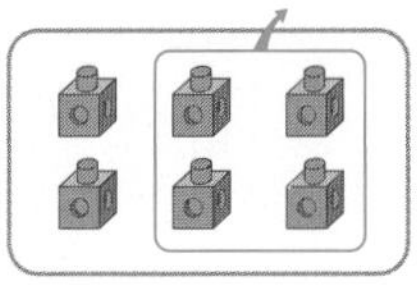

/ 2

5 빼기, 1   **6** 4 / 4, 4
7 6−3=3
8 (1) 3 (2) 1 (3) 6 (4) 2
9 7, 2
10 3, 4 / 책꽂이에 꽂혀 있던 책 7권 중에서 ⟦3⟧ 권

을 뺐더니 책꽂이에 책이 ⟦4⟧ 권 남았습니다.

11 뺄셈식 8−3=5
      답 당근, 5개
12 예 9−4
13 ❶ 2, 2 / 6−5=1 ❷ 2, 1, 은미
      답 은미

2 모자를 하나씩 짝 지어 보면 리본 모자가 1개 더 많습니다.

3 8개 중에서 6개를 꺼냈으므로 /으로 6개를 지우면 2개가 남습니다.

4 새 도넛 6개 중 4개를 베어 먹었으므로 먹지 않은 도넛 2개가 남았습니다.

5 '3과 2의 차는 1입니다.'라고 읽을 수도 있습니다.

6 8은 4와 4로 가를 수 있으므로 8-4=4입니다.

9 9개 중에서 7개를 지우면 2개가 남습니다.

10 책 7권 중에서 3권을 빼내는 뺄셈 상황입니다.

11 주의

어느 것을 몇 개 더 많이 뽑았는지 차례로 구하라 했으므로 답을 쓸 때에는 '당근'을 먼저 쓰고 '5개'를 써야 합니다.

12 6-1, 7-2는 두 수의 차가 5인 뺄셈입니다. 따라서 빈 곳에 9-4 또는 8-3을 써넣습니다.

참고

5-0도 답이 될 수 있으나 아직 0이 있는 뺄셈을 배우지 않아 답을 유도하지는 않도록 합니다.

78~81쪽	1단계 **교과서 바로 알기**

확인 문제	한번 더! 확인
1 1	**6** 4
2 (1) 9 (2) 7	**7** 0
3 0, 3	**8** 0, 5
4 5, 5	**9** 4, 0
5 (1) 0, 6	**10** 뺄셈식 6-6=0
(2) 6명	답 0명

1 왼쪽에는 점이 없고, 오른쪽에는 점이 1개 있습니다. ➜ 0+1=1

2 (1) 0+(어떤 수)=(어떤 수)
(2) (어떤 수)-0=(어떤 수)

---

3 (어떤 수)+0=(어떤 수)

4 (어떤 수)-0=(어떤 수)

5 (2) 엘리베이터 안에 6명이 있었는데 아무도 내리지 않았으므로 엘리베이터 안에 남은 사람은 6-0=6(명)입니다.

7 (어떤 수)-(어떤 수)=0

8 0+(어떤 수)=(어떤 수)

10 엘리베이터 안에 6명이 있었는데 6명 모두 내렸으므로 엘리베이터 안에 남은 사람은 6-6=0(명)입니다.

80~81쪽	1단계 **교과서 바로 알기**

확인 문제	한번 더! 확인
1 7, 8, 9	**5** 2, 1, 0
2 (위에서부터) 5, 0, 4, 1, 3, 2	**6** (위에서부터) 4, 1, 3, 0, 2
3 +에 ○표	**7** -
4 (1) 1, 1, 1	**8** (1) (위에서부터)
(2) 사람 수와 의자 수의 차는 항상 1 입니다.	8 / 2, 8 / 3, 8
	(2) 서희가 말한 수와 예나가 답한 수의 합은 항상 8 입니다.

1 더하는 수가 1씩 커지면 합도 1씩 커집니다.

3 왼쪽의 두 수 5, 4보다 계산한 값(9)이 커졌으므로 덧셈식입니다. ➜ 5 + 4=9

4

사람 수   의자 수

4-3=1

3-2=1 →같음.

2-1=1

1씩 작아짐.   1씩 작아짐.

➜ 사람 수와 의자 수가 모두 1씩 작아지면 차는 항상 같습니다.

7 가장 왼쪽의 수 6보다 계산한 값(4)이 작아졌으므로 뺄셈입니다. ➡ 6 ⊖ 2 = 4

8

서희가 말한 수	예나가 답한 수

7 + 1 = 8
6 + 2 = 8 → 같음.
5 + 3 = 8

1씩 작아짐. ↰   ↱ 1씩 커짐.

➡ 서희가 말한 수는 1씩 작아지고, 예나가 답한 수는 1씩 커지므로 합은 항상 같습니다.

---

1 6   **2** 0
3 7, 6, 5
4 (1) 5   (2) 0   (3) 7   (4) 6
5 2, 2   **6** 3, 0
7 8, 9   **8** ⑤
9 5−5=0 / 0개   **10** ㉠
11 예 1, 7
12

6−0	3+3	4+2	5+2
7−1	6−6	9−3	9−6
8−2	0+6	5+1	4+4

13 ❶ 7, 2, 1   ❷ 7, 2
   ❸ 7+2=9 (또는 2+7=9)
   덧셈식 7+2=9 (또는 2+7=9)

5 아무도 없던 리프트에 2명이 타서 리프트에 있는 사람은 2명입니다. ➡ 0+2=2

6 놀이기구에 어린이 3명이 타고 있었는데 3명 모두 내렸더니 놀이기구에 남은 어린이는 0명입니다.

참고
전체에서 전체를 빼면 0이 됩니다.

7

+	1	2	3	1씩 커짐.
6	7	8	9	1씩 커짐.

---

8 덧셈식과 뺄셈식을 각각 2가지씩 만들 수 있습니다.
   ➡ 덧셈식: 2+4=6, 4+2=6
      뺄셈식: 6−2=4, 6−4=2

주의
⑤에서는 세 수를 모두 이용하여 만든 뺄셈식이 아닙니다.

9 (서윤이가 가지고 있던 공깃돌의 수)
   −(동생에게 준 공깃돌의 수)
   =5−5=0(개)

참고
어떤 수에서 그 수 전체를 빼면 0입니다.

10 ㉠ 9−9=0, ㉡ 0+9=9, ㉢ 9−0=9
   ➡ 계산 결과가 다른 하나는 ㉠입니다.

11 합이 8이 되는 덧셈식은
   0+8=8, 1+7=8, 2+6=8, 3+5=8,
   4+4=8, 5+3=8, 6+2=8, 7+1=8,
   8+0=8이 있습니다.

13 **전략**
   • 합이 가장 큰 덧셈식: (가장 큰 수)+(둘째로 큰 수)
   • 합이 가장 작은 덧셈식: (가장 작은 수)+(둘째로 작은 수)

1-1 ❶ 7   ❷ 5   ❸ ㉠   **답** ㉠
1-2 예 ❶ 6을 가르면 ㉠에 알맞은 수는 3입니다.
   ❷ 5와 모아서 7이어야 하므로 ㉡에 알맞은 수는 2입니다.
   ❸ 3은 2보다 더 크므로 더 큰 수의 기호는 ㉠입니다.
   답 ㉠
2-1 ❶ 1, 3   ❷ 3, 5   **답** 5명
2-2 예 ❶ (초록색 구슬 수)=3+2=5(개)
   ❷ (윤기가 가지고 있는 빨간색 구슬과 초록색 구슬 수의 합)=3+5=8(개)
   답 8개

3-1 ❶ 9, 8, 5, 0   ❷ 8, 0   ❸ 8+0=8   **답** 8

3-2 예 ❶ 수 카드의 수를 큰 수부터 차례로 쓰기:
9, 6, 3, 0

❷ 가장 큰 수: 9, 둘째로 작은 수: 3

❸ 가장 큰 수와 둘째로 작은 수의 차: 9−3=6

답 6

4-1 ❶ 3 ❷ 3, 3 ❸ 3

답 3자루

4-2 예 ❶ (전체 풍선의 수)=3+1=4(개)

❷ 4를 똑같은 두 수로 가르기하면 2와 2입니다.

❸ 언니는 풍선을 2개 가지면 됩니다.

답 2개

4-1 6을 가르기하기

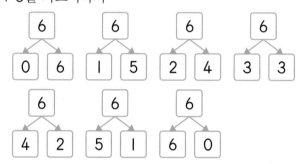

4-2 4를 가르기하기

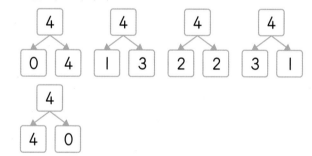

88~90쪽 TEST 단원 마무리 하기

1 3

2 (○)( )

3 6, 6

4 ( )(×)( )

5 7 / 예 4 더하기 3은 7과 같습니다.

6 3, 3

7 (1) [도미노] (2) [도미노]

8 (위에서부터) 6 / 5 / 4 / 예 7−4=3

9 [선잇기]

10 (1) − (2) +

11 4−3=1 / 1명

12

[그림: 7−3, 9−4, 6−1, 5−0, 8−4]

13 덧셈식 예 2+5=7

빨셈식 예 7−3=4

14 예 1, 1 / 예 7, 7

15 지호

16 ㉠

17

| 6 | 2 | 4 |
| 5 | | 3 |

18 8명

19 예 ❶ 1과 4를 모으면 ㉠에 알맞은 수는 5입니다.

❷ 9를 가르면 ㉡에 알맞은 수는 4입니다.

❸ 5가 4보다 더 크므로 더 큰 수의 기호는 ㉠입니다.

답 ㉠

20 예 ❶ 큰 수부터 차례로 쓰기: 6, 3, 1

❷ 뽑아야 할 두 수: 6, 3

❸ 합이 가장 큰 덧셈식: 6+3=9

덧셈식 6+3=9 (또는 3+6=9)

---

2 참고
· 전체에서 남은 팥빙수의 수를 구하는 식 ➡ 8−3=5
· 전체에서 먹은 팥빙수의 수를 구하는 식 ➡ 8−5=3
· 남은 팥빙수와 먹은 팥빙수의 수를 비교하는 식
➡ 5−3=2

3 · 딸기 우유 4개와 초코 우유 2개 ➡ 4+2=6
· 초코 우유 2개와 딸기 우유 4개 ➡ 2+4=6

참고
수의 순서를 바꾸어 더해도 합은 항상 같습니다.

4 7은 0과 7, 1과 6, 2와 5, 3과 4, 4와 3, 5와 2, 6과 1, 7과 0으로 가를 수 있습니다.

5 4+3=7은 '4와 3의 합은 7입니다.'라고 읽을 수도 있습니다.

8 다른 답 7−5=2, 7−6=1, 7−7=0

9 수의 순서를 바꾸어 더해도 합이 같습니다.
➡ 8+1=1+8, 3+4=4+3, 5+3=3+5

10 (1) (어떤 수)−(어떤 수)=0

> **참고**
> 가장 왼쪽의 수보다 계산한 값이 작아졌으므로 뺄셈입니다.

(2) 0+(어떤 수)=(어떤 수)

13 • 덧셈식:
   (텐트를 치는 사람 수)+(공놀이를 하는 사람 수)
   =(전체 사람 수)
• 뺄셈식: (전체 사람 수)−(어른 수)=(어린이 수)

14 0이 있는 덧셈과 뺄셈이므로 덧셈식의 빈 곳에는 같은 수 카드를, 뺄셈식의 빈 곳에도 같은 수 카드를 놓아야 합니다.

> **참고**
> (어떤 수)+0=(어떤 수), (어떤 수)−0=(어떤 수)

15 지호: 2+3=5(명), 다은: 4명
   ➡ 5가 4보다 크므로 이긴 사람은 지호입니다.

16 ㉠ 6−0=6
   ㉡ 3+1=4
   ㉢ 8−8=0
   ➡ 계산 결과가 가장 큰 것은 ㉠입니다.

17 두 수 6과 1, 2와 5, 4와 3을 모으면 7입니다.

18
> **전략**
> 처음 수영장에 있던 사람 수를 구한 후 지금 수영장에 있는 사람 수를 구하자.

(처음 수영장에 있던 어른과 어린이 수의 합)
=2+3=5(명)
(지금 수영장에 있는 사람 수)=5+3=8(명)

19

채점 기준		
❶ ㉠에 알맞은 수를 구함.	2점	
❷ ㉡에 알맞은 수를 구함.	2점	5점
❸ 더 큰 수의 기호를 바르게 씀.	1점	

20

채점 기준		
❶ 큰 수부터 차례로 씀.	1점	
❷ 뽑아야 할 두 수를 씀.	2점	5점
❸ 합이 가장 큰 덧셈식을 씀.	2점	

4 비교하기

94~95쪽 **1 단계 교과서 바로 알기**

확인 문제	한번 더! 확인
1 (○) ( )	**6**
2 (△) ( )	**7**
3 짧다	**8** ✕
4 깁니다에 ○표	**9** 짧습니다에 ○표
5 (1) 가 (2) 가	**10** 오른, 우산 답 우산

1 왼쪽 끝이 맞추어져 있으므로 오른쪽 끝이 남는 것이 더 깁니다. 따라서 숟가락이 포크보다 더 깁니다.

2 왼쪽 끝이 맞추어져 있으므로 오른쪽 끝이 모자라는 것이 더 짧습니다. 따라서 위의 연필이 아래의 연필보다 더 짧습니다.

3 두 가지 물건의 길이를 비교할 때에는 '더 길다', '더 짧다'로 나타냅니다.

4 왼쪽 끝이 맞추어져 있으므로 오른쪽 끝을 비교하면 버스가 승용차보다 더 깁니다.

5 왼쪽 끝이 맞추어져 있으므로 오른쪽 끝이 가장 많이 남는 김밥 가가 가장 깁니다.

> **참고**
> 여러 물건의 길이를 비교할 때에는 '가장 길다', '가장 짧다'로 나타냅니다.

6 위쪽 끝이 맞추어져 있으므로 아래쪽 끝이 남는 것이 더 깁니다. 따라서 오른쪽 바지가 왼쪽 바지보다 더 깁니다.

7 아래쪽 끝이 맞추어져 있으므로 위쪽 끝이 모자라는 것이 더 짧습니다. 따라서 왼쪽 양말이 오른쪽 양말보다 더 짧습니다.

9 왼쪽 끝이 맞추어져 있으므로 오른쪽 끝을 비교하면 색연필이 자보다 더 짧습니다.

확인 문제	한번 더! 확인
1 (◯) ( )	**6** 곰
2 ( ) (△)	**7** 나
3 낮다	**8** 작다
4 우희, 경수	**9** 산, 집
5 (1) 은행	**10** 아래, 사슴
(2) 은행	답 사슴

1 아래쪽 끝이 맞추어져 있으므로 위쪽 끝을 비교합니다.

3 두 가지 물건의 높이를 비교할 때에는 '더 높다', '더 낮다'로 나타냅니다.

4 아래쪽 끝이 맞추어져 있으므로 위쪽 끝을 비교하면 우희가 경수보다 더 작습니다.

6 아래쪽 끝이 맞추어져 있으므로 위쪽 끝을 비교합니다.

8 두 사람의 키를 비교할 때에는 '더 크다', '더 작다'로 나타냅니다.

참고

길이, 키, 높이를 비교할 때 나타내는 표현

길이	키	높이
길다, 짧다	크다, 작다	높다, 낮다

9 아래쪽 끝이 맞추어져 있으므로 위쪽 끝을 비교하면 산이 집보다 더 높습니다.

확인 문제	한번 더! 확인
1 ( ) (△)	**6** ㉠
2 샌드위치에 ◯표	**7** 가볍습니다에 ◯표
3 가볍다	**8**
4 ( ) (◯)	**9** 참외
5 (1) 가벼운에 ◯표	**10** 무거운에 ◯표, 망치
(2) 리코더	답 망치

2 직접 들어 보면 샌드위치가 사탕보다 힘이 더 많이 들므로 샌드위치가 사탕보다 더 무겁습니다.

3 두 가지 물건의 무게를 비교할 때에는 '더 무겁다', '더 가볍다'로 나타냅니다.

4 저울에서 아래로 내려간 쪽이 더 무거우므로 필통이 지우개보다 더 무겁습니다.

참고

저울은 무거운 쪽이 아래로 내려가고, 가벼운 쪽이 위로 올라갑니다.

6 케이크는 빵보다 더 무겁습니다.

7 직접 들어 보면 풍선이 농구공보다 힘이 더 적게 들므로 풍선이 농구공보다 더 가볍습니다.

9 저울에서 위로 올라간 쪽이 더 가벼우므로 참외가 배보다 더 가볍습니다.

10 직접 들어 보면 망치가 힘이 가장 많이 듭니다.

1 (◯) ( )	**2** ( ) (△) ( )
3 가	**4** 축구공에 ◯표
5 높다	**6** 높습니다에 ◯표
7 (△) ( )	**8** 당근
9 (◯) ( )	

10

예

11

12 ❶ 무거워에 ◯표 ❷ 유리병에 ◯표
답 빈 유리병

---

13 ( ) (◯)   **14** 나
( ) ( )

15 (◯) ( ) ( )   **16**

17 (△) ( )   **18** (○)
                                 ( )
                                 (○)

19 3, 2, 1   **20** ( ) (○) (○)
21 가, 나   **22** 프라이팬
23

24 ❶ 광희, 승재 ❷ 광희 답 광희

2 아래쪽 끝이 맞추어져 있으므로 위쪽 끝을 비교하면
염소가 당나귀보다 더 작습니다.

3 아래쪽 끝이 맞추어져 있으므로 위쪽 끝을 비교하면
가가 나보다 더 낮습니다.

5 두 가지 물건의 높이를 비교할 때에는 '더 높다', '더
낮다'로 나타냅니다.

6 아래쪽 끝이 맞추어져 있으므로 위쪽 끝을 비교합
니다.

7 저울에서 위로 올라간 쪽이 더 가벼우므로 체리가
키위보다 더 가볍습니다.

8 오른쪽 끝이 맞추어져 있으므로 왼쪽 끝을 비교하면
당근이 오이보다 더 짧습니다.

9 시소에서 아래로 내려간 쪽이 더 무거우므로 왼쪽
사람이 오른쪽 사람보다 더 무겁습니다.

11 왼쪽 끝이 맞추어져 있으므로 오른쪽 끝을 비교합니다.
   • 탁구채는 야구방망이보다 더 짧습니다.
   • 야구방망이는 탁구채보다 더 깁니다.

13 길이를 비교하는 말: 길다, 짧다
   키를 비교하는 말: 크다, 작다
   높이를 비교하는 말: 높다, 낮다
   무게를 비교하는 말: 무겁다, 가볍다

14 나는 구부러져 있으므로 곧게 펴면 가보다 더 깁니다.

   참고
   밧줄 양쪽 끝이 맞추어져 있을 때 많이 구부러질수록
   곧게 펴면 더 깁니다.

15 아래쪽 끝이 맞추어져 있으므로 위쪽 끝을 비교하면
맨 왼쪽 나무가 가장 높습니다.

16 긴바지가 가장 길고, 치마가 가장 짧습니다.

17 아래쪽 끝이 맞추어져 있으므로 위쪽 끝을 비교하면
토끼는 펭귄보다 키가 더 작습니다.

18 왼쪽 끝이 맞추어져 있으므로 오른쪽 끝이 풀보다
더 많이 남는 가위와 색연필이 더 깁니다.

19 냉장고가 가장 높고, 휴지 상자가 가장 낮습니다.

20 저울이 왼쪽으로 기울어져 있으므로 □ 안에 들어갈
수 있는 과일은 배보다 가벼운 체리와 귤입니다.

22 프라이팬은 종이 받침대가 무너져 내렸고, 색연필은
종이 받침대가 그대로 있으므로 프라이팬이 색연필
보다 더 무겁습니다.

   참고
   올려놓은 물건의 무게가 무거울수록 종이 받침대가 더
   많이 무너져 내립니다.

23 필통보다 책이 더 무겁고, 책보다 가방이 더 무겁습
니다. 따라서 가방이 가장 무겁습니다.

104~105쪽 1단계 **교과서 바로 알기**

확인 문제	한번 더! 확인
1 ( ) (△)	**6** 가
2	**7** (○) ( )
3 좁다	**8** 넓다
4 넓습니다에 ○표	**9** 좁습니다에 ○표
5 (1) 좁고, 넓습니다에 ○표	**10** 모자라는에 ○표, 수첩 답 수첩
(2) 욕실	

1 겹쳐 맞대어 보았을 때 모자라는 오른쪽 나뭇잎이
왼쪽 나뭇잎보다 더 좁습니다.

2 겹쳐 맞대어 보았을 때 남는 오른쪽 그림이 왼쪽 그
림보다 더 넓습니다.

3 두 가지 물건의 넓이를 비교할 때에는 '더 넓다', '더
좁다'로 나타냅니다.

4 겹쳐 맞대어 보았을 때 남는 액자가 휴대 전화보다 더 넓습니다.

5 학교 운동장이 가장 넓고, 욕실이 가장 좁습니다.

6 겹쳐 맞대어 보았을 때 모자라는 접시가 다트판보다 더 좁습니다.

7 축구 골대가 농구 골대보다 더 넓습니다.

9 겹쳐 맞대어 보았을 때 모자라는 손수건이 방석보다 더 좁습니다.

10 그림책이 가장 넓고, 수첩이 가장 좁습니다.

---

6 세면대가 욕조보다 담을 수 있는 양이 더 적습니다.

7 물의 높이가 같으므로 그릇의 크기가 더 작은 오른 쪽 그릇에 담긴 물의 양이 더 적습니다.

9 그릇의 크기가 클수록 담을 수 있는 양이 더 많습니 다.

106~107쪽 **1** 단계 **교과서 바로 알기**

확인 문제	한번 더! 확인
1 (○)( )	**6** ( )(△)
2 ( )(○)	**7** ( )(△)
3 적다	**8** 많다
4 국자에 ○표	**9** 물병에 ○표
5 (1) 높이에 ○표	**10** 높이에 ○표 / ㉠
(2) ②	**답** ㉠

1 왼쪽 물통이 오른쪽 물병보다 담을 수 있는 양이 더 많습니다.

2 물의 높이가 같으므로 그릇의 크기가 더 큰 오른쪽 그릇에 담긴 물의 양이 더 많습니다.

> **중요**
> 물의 높이가 같을 때에는 그릇의 크기가 클수록 담긴 물의 양이 더 많습니다.

3 담을 수 있는 양을 비교할 때에는 '더 많다', '더 적다'로 나타냅니다.

4 그릇의 크기가 작을수록 담을 수 있는 양이 더 적습니다.

5 그릇의 모양과 크기가 같으므로 물의 높이를 비교하면 ②번 그릇에 담긴 물의 양이 가장 적습니다.

> **중요**
> 그릇의 모양과 크기가 같을 때에는 물의 높이가 낮을수록 담긴 물의 양이 더 적습니다.

108~109쪽 **2** 단계 **익힘책 바로 풀기**

1 (○)( )   **2** ( )(○)

3

4 적습니다에 ○표

5 예

6 ( )(○)(△)

7 도윤   **8** 3, 1, 2

9 거실   **10**

11 ( )(○)

12 ❶ 많습니다에 ○표
    ❷ 승희 ❸ 승희 **답** 승희

1 **전략**
겹쳐 맞대어 보았을 때 남는 부분이 있는 것을 찾자.

연습장이 수첩보다 더 넓습니다.

2 그릇의 크기가 더 큰 오른쪽 그릇에 담을 수 있는 양이 더 많습니다.

3 겹쳐 맞대어 보았을 때 남는 부분이 있는 것이 더 넓고, 모자라는 것이 더 좁습니다.

4 컵은 주전자보다 그릇의 크기가 더 작으므로 담을 수 있는 양이 더 적습니다.

5 거울을 완전히 포함하도록 그립니다.

6 텔레비전이 가장 넓고, 액자가 가장 좁습니다.

7 하린: 물의 높이가 같아도 그릇의 크기가 다르므로 담긴 물의 양은 다릅니다.

8 담을 수 있는 양이 가장 많은 것은 물통이고, 가장 적은 것은 컵입니다.

9 놀이공원은 축구장보다 더 넓고, 거실은 축구장보다 더 좁습니다.

10 컵의 모양과 크기가 같으므로 물의 높이가 높을수록 담긴 물의 양이 더 많습니다.
오른쪽 컵의 물의 높이를 왼쪽 컵의 물의 높이보다 더 높게 그립니다.

11 왼쪽 그림은 주어진 색종이로 가려지지 않습니다.

12 참고
마시고 남은 물의 양이 적을수록 물을 더 많이 마신 것입니다.

110~113쪽 5단계 서술형 바로 쓰기

1-1 ❶ 짧습니다에 ○표
❷ ㉡ ❸ ㉡ 답 ㉡

1-2 예 ❶ 길이 많이 구부러질수록 더 깁니다.
❷ 가장 많이 구부러진 길은 ㉢입니다.
❸ 가장 긴 길의 기호: ㉢ 답 ㉢

2-1 ❶ 민지, 일우 ❷ 민지, 일우
❸ 셋째 답 셋째

2-2 예 ❶ 키가 작은 사람부터 순서대로 쓰면 우리, 현주, 영지, 규하입니다.
❷ 우리가 첫째, 현주가 둘째, 영지가 셋째, 규하가 넷째에 서야 합니다.
❸ 규하는 넷째에 서게 됩니다. 답 넷째

3-1 ❶ 넓은에 ○표 ❷ 6, 5
❸ 진달래 답 진달래

3-2 예 ❶ 심은 칸 수가 적을수록 더 좁은 부분에 심은 것입니다.
❷ 장미: 5칸, 민들레: 6칸, 철쭉: 4칸
❸ 가장 좁은 부분에 심은 것은 철쭉입니다.
답 철쭉

4-1 ❶ 가볍습니다에 ○표 / 무겁습니다에 ○표
❷ 슬기 답 슬기

4-2 예 ❶ 보라는 윤아보다 더 무겁습니다.
보라는 규리보다 더 가볍습니다.
❷ 가장 가벼운 사람: 윤아 답 윤아

114~116쪽 TEST 단원 마무리 하기

1 (△)( )( )
2 ( )(○)
3 ( )(○)
4 ㉠
5 ✕
6 좁습니다에 ○표
7 ㉠
8 ( )(○)
9 ( )( )(○)
10 1, 3, 2
11 예

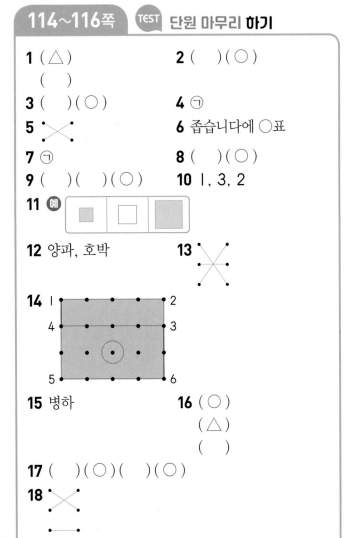

12 양파, 호박
13 ✕
14 1 2 / 4 3 / 5 6
15 병하
16 (○)(△)( )
17 ( )(○)( )(○)
18 ✕

19 예 ❶ 남은 주스의 양이 많을수록 마신 주스의 양이 적습니다.
❷ 남은 주스의 양이 더 많은 사람: 동원
❸ 주스를 더 적게 마신 사람: 동원
답 동원

20 예 ❶ 심은 칸 수가 많을수록 더 넓은 부분에 심은 것입니다.
❷ 감자: 5칸, 고구마: 8칸, 옥수수: 7칸
❸ 가장 넓은 부분에 심은 것은 고구마입니다.
답 고구마

---

2 아래쪽 끝이 맞추어져 있으므로 위쪽 끝을 비교하면 책장이 의자보다 더 높습니다.

3 겹쳐 맞대어 보았을 때 남는 주황색 쟁반이 보라색 쟁반보다 더 넓습니다.

5 아래쪽 끝이 맞추어져 있으므로 위쪽 끝을 비교합니다.
• 기린은 토끼보다 키가 더 큽니다.
• 토끼는 기린보다 키가 더 작습니다.

7 왼쪽 끝이 맞추어져 있으므로 오른쪽 끝이 남는 ㉠이 ㉡보다 더 깁니다.

9 저울이 왼쪽으로 기울어져 있으므로 왼쪽에 있는 쌓기나무는 2개보다 더 무겁습니다.

10 맨 왼쪽 우유갑에 담을 수 있는 양이 가장 많고, 가운데 우유갑에 담을 수 있는 양이 가장 적습니다.

11 왼쪽 모양과 겹쳐 맞대어 보았을 때는 남고 오른쪽 모양과 겹쳐 맞대어 보았을 때는 모자라는 □ 모양을 그립니다.

12 직접 들어 보면 양파가 호박보다 힘이 더 적게 들므로 양파가 호박보다 더 가볍습니다.

14 숫자 1부터 6까지 순서대로 이어 만들어지는 두 개의 모양에서 위쪽이 더 좁고 아래쪽이 더 넓습니다.

15 위쪽 끝이 맞추어져 있으므로 아래쪽 끝을 비교하면 병하의 키가 가장 큽니다.

16 같은 쪽으로 맞추어진 것끼리 비교합니다.
　• 맨 위의 통나무는 맨 아래의 통나무보다 더 깁니다.
　• 가운데 통나무는 맨 아래의 통나무보다 더 짧습니다.
　➡ 맨 위의 통나무가 가장 길고, 가운데 통나무가 가장 짧습니다.

17 연필보다 더 긴 것은 치약, 줄자입니다.

18 위에 앉은 동물의 무게가 무거울수록 상자가 더 많이 찌그러집니다. 가장 많이 찌그러진 상자 위에는 가장 무거운 돼지가 앉았을 것이고, 가장 적게 찌그러진 상자 위에는 가장 가벼운 병아리가 앉았을 것입니다.

19

채점 기준		
❶ 남은 주스의 양과 마신 주스의 양의 관계를 바르게 설명함.	2점	
❷ 남은 주스의 양이 더 많은 사람을 구함.	2점	5점
❸ 주스를 더 적게 마신 사람을 구함.	1점	

20

채점 기준		
❶ 칸 수와 넓이의 관계를 바르게 설명함.	2점	
❷ 감자, 고구마, 옥수수를 심은 부분의 칸 수를 각각 구함.	2점	5점
❸ 가장 넓은 부분에 심은 것을 구함.	1점	

120~121쪽 **1단계 교과서 바로 알기**

확인 문제	한번 더! 확인
1 10	**6** 10
2 10	**7** 십에 ○표
3 10	**8** 10
4 ●●●●● / ●●○○○	**9**
5 십에 ○표	**10** (1) 열에 ○표
	(2) 열에 ○표

1 9보다 1만큼 더 큰 수는 10입니다.

2 열은 수로 나타내면 10입니다.

　(참고)
　• 십 또는 열을 수로 나타내면 10입니다.

3 사탕의 수를 세어 보면 10개입니다.

4 주어진 바둑돌이 7개이므로 여덟, 아홉, 열까지 세면서 ○를 3개 그립니다.

5 엄마의 생신은 4월 10일입니다.
　　　　　　　　　└─ 십

　(참고)
　날짜를 나타내는 경우 '십'으로 읽습니다.

6 8보다 2만큼 더 큰 수는 10입니다.

7 10은 십 또는 열이라고 읽습니다.

8 감의 수를 세어 보면 10개입니다.

9 주어진 모형이 6개이므로 일곱, 여덟, 아홉, 열까지 세면서 □를 4개 그립니다.

10 (1) 누나는 10살이야.
　　　　　　　└─ 열

　(2) 과자가 10개 있어.
　　　　　　 └─ 열

122~123쪽 1단계 교과서 바로 알기

확인 문제

1 10
2 8
3 ○○○○○ ○○○○○
4 (1) 10 (2) 10자루

한번 더! 확인

5 2
6 1
7 □ □ □ / □ □
8 10, 10 답 10개

1 빨간색 색연필 4자루와 초록색 색연필 6자루를 모으면 10자루가 됩니다.

3 6과 4를 모으면 10이 되므로 빈 곳에 ○를 10개 그립니다.

4 (1) 7과 3을 모으면 10이 됩니다.

5 숟가락과 포크 10개는 숟가락 8개와 포크 2개로 가르기를 할 수 있습니다.

7 10은 5와 5로 가르기를 할 수 있으므로 빈 곳에 □를 5개 그립니다.

124~125쪽 2단계 익힘책 바로 풀기

1 10   **2** (○)( )(○)
3 예 ☆☆☆☆☆ ☆☆☆☆☆ / ☆☆☆☆☆ ☆☆☆☆☆

4 10 / 십, 열   **5** ( )(○)
6 (1) 10 (2) 4
7 (1) 열에 ○표 (2) 십에 ○표
8 ♡♡♡♡♡ ♡♡♡♡♡ / 4

9 (선으로 연결)   **10** 많은에 ○표
11 ㉡
12 ❶ 7, 7 ❷ 7 답 7

2 하나부터 열까지 세어 10개인 것을 찾습니다. 가운데 그림에서 도넛은 6개입니다.

3 하나부터 열까지 세면서 색칠합니다.

4 쿠키의 수는 10이고, 10은 십 또는 열이라고 읽습니다.

5 10은 4와 6으로 가르기를 할 수 있습니다.

6 (1) 2와 8을 모으면 10이 됩니다.
(2) 10은 6과 4로 가르기를 할 수 있습니다.

7 (1) 종이배를 열 개 접었습니다.
(2) 내 번호는 십 번이야.

참고

10을 알맞게 읽기
① 개수를 나타내는 경우 ➡ 열
② 번호를 나타내는 경우 ➡ 십

8 주어진 ♡가 6개이므로 일곱, 여덟, 아홉, 열까지 세면서 ♡를 4개 더 그립니다.
6과 모아서 10이 되는 수는 4입니다.

9 모아서 10이 되는 두 수는 1과 9, 2와 8, 3과 7입니다.

10 ㉠: 10개, ㉡: 9개 ➡ ㉠이 ㉡보다 더 많습니다.

참고

㉡이 ㉠보다 더 큽니다.

중요

많다/적다는 개수를 비교하는 표현이고, 크다/작다는 크기를 비교하는 표현입니다.

11 10은 2와 8, 6과 4로 가르기를 할 수 있습니다.
➡ ㉠은 8, ㉡은 6이므로 더 작은 수는 ㉡입니다.

126~127쪽 1단계 교과서 바로 알기

확인 문제

1 16
2 열아홉에 ○표
3 예  / 18
4 (○)( )
5 (1) 17 (2) 17개

한번 더! 확인

6 14
7 십오에 ○표
8 예  / 13
9 작습니다에 ○표
10 19, 19 답 19개

1 10개씩 묶음 1개와 낱개 6개 ➡ 16

 주의
10개씩 묶음의 수와 낱개의 수를 바꿔 쓰지 않도록 주의합니다.

2 19는 십구 또는 열아홉이라고 읽습니다.

3 10개씩 묶음 1개와 낱개 8개 ➡ 18

4 10개씩 묶음의 수가 같으므로 낱개의 수가 더 많은 것을 찾습니다.
➡ 더 큰 수는 15입니다.

5 (1) 10개씩 묶음 1개와 낱개 7개 ➡ 17
(2) 도넛은 모두 17개입니다.

6 10개씩 묶음 1개와 낱개 4개 ➡ 14

7 15는 십오 또는 열다섯이라고 읽습니다.

8 10개씩 묶음 1개와 낱개 3개 ➡ 13

9 10개씩 묶음의 수가 같으므로 낱개의 수를 비교하면 11은 13보다 작습니다.

128~129쪽 **1단계 교과서 바로 알기**

확인 문제	한번 더! 확인
1 (○ 그림) / 13	**5** (△ 그림) / 4
2 12	**6** 8, 7
3 13	**7** 6
4 (1) 18 (2) 18개	**8** 15, 15 **답** 15개

1 주어진 구슬 8개와 5개를 모으면 13개가 되고, 그려진 ○는 8개이므로 빈 곳에 ○를 5개 더 그립니다.

2 🩶가 9개, 🤍가 3개이므로 9와 3을 모으면 12가 됩니다.

3 7과 6을 모으면 13이 됩니다.

4 (1) 9와 9를 모으면 18이 됩니다.
(2) 두 사람이 딴 감은 모두 18개입니다.

---

5 삼각김밥 13개를 9개와 4개로 가를 수 있으므로 빈 곳에 △를 4개 그립니다.

6 지우개가 8개, 자가 7개이므로 15는 8과 7로 가르기를 할 수 있습니다.

7 14는 8과 6으로 가르기를 할 수 있습니다.

130~133쪽 **2단계 익힘책 바로 풀기**

1 6, 16   **2** 13

3 (예)
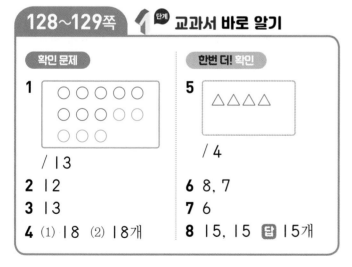

4 15   **5** 십사, 14에 ○표

6 17 ⨯ 19 (선 연결)

7 (○)( )

8 12 / 12, 큽니다에 ○표

9 ( )(○)   **10** (1) 13 (2) 4

11 ❶ 6, 5 ❷ 5, 11 ❸ 11 **답** 11개

---

12 (○)( )   **13** 7, 5

14 6, 6   **15** ㉡

16 (네모 그림) 15

17 (○ 그림) 5

18 (점 연결 그림)

19 15개

20 (예) ▭▭▭▭▭▭▭▭ / 8, 6

21 (예)

상규	형
○○	○○
○○	○○
○○	○○
	○

22 ❶ 8, 8 ❷ 8 **답** 8개

1 |0개씩 묶음 |개와 낱개 6개 ➡ |6

> **참고**
> |0개씩 묶음 1개와 낱개 ▲개
> ➡ 1▲ (▲는 0부터 9까지의 수)

2 |0개씩 묶음 |개와 낱개 3개 ➡ |3

3 |부터 ||까지 세면서 ||개의 얼굴을 색칠합니다.

4 8과 7을 모으면 |5가 됩니다.

5 연필이 |4자루 있습니다.
➡ |4는 십사 또는 열넷이라고 읽습니다.

6 • |0개씩 묶음 |개와 낱개 7개이므로 |7이고,
|7은 십칠 또는 열일곱이라고 읽습니다.
• |0개씩 묶음 |개와 낱개 9개이므로 |9이고,
|9는 십구 또는 열아홉이라고 읽습니다.

7 |2는 십이 또는 열둘이라고 읽습니다.
|3은 십삼 또는 열셋이라고 읽습니다.

8 |0개씩 묶음의 수가 같으므로 낱개의 수를 비교하면 |4는 |2보다 큽니다.

9 |3은 8과 5로 가르기할 수 있습니다.

10 (1) 9와 4를 모으면 |3이 됩니다.
(2) ||은 7과 4로 가르기를 할 수 있습니다.

12 9와 7을 모으면 |6이 되고, 9와 9를 모으면 |8이 됩니다.

13 ⬜ 모양 블록: 7개, ⬭ 모양 블록: 5개
➡ |2는 7과 5로 가르기할 수 있습니다.

> **참고**
> 색깔에 상관 없이 모양만 보고 개수를 세어 봅니다.

14 빨간색 블록: 6개, 노란색 블록: 6개
➡ |2는 6과 6으로 가르기할 수 있습니다.

15 ㉠ 7과 4를 모으면 ||이 됩니다.
㉡ 3과 9를 모으면 |2가 됩니다.
㉢ 6과 5를 모으면 ||이 됩니다.

16 7과 8을 모으면 |5가 됩니다.

17 ||은 6과 5로 가르기를 할 수 있습니다.

18 8과 모아서 |7이 되는 수는 9입니다.

19 블록은 |0개씩 묶음 |개와 낱개 5개이므로 모두 |5개입니다.

20 |4는 8과 6, 9와 5 등 여러 가지 방법으로 가르기를 할 수 있습니다.

21 **예** |3은 6과 7로 가르기를 할 수 있습니다.
형이 상규보다 구슬을 더 많이 가지려면 상규가 6개, 형이 7개를 가져야 합니다.

> **참고**
> 형이 상규보다 더 많이 가져야 하므로
> (상규, 형) ➡ (1, 12), (2, 11), (3, 10), (4, 9), (5, 8), (6, 7)
> 이 되도록 가르기를 해야 합니다.

22 ❶ |6은 똑같은 수인 8과 8로 가르기를 할 수 있습니다.

134~135쪽 **1단계 교과서 바로 알기**

확인 문제	한번 더! 확인
1 30	**6** 40
2 쉰에 ○표	**7** 30
3 (1) 50 (2) 3	**8** (1) 20 (2) 4
4 20, 40/( )(○)	**9** 30, 50
5 (1) 30 (2) 30개	**10** 50, 50 **답** 50개

1 |0개씩 묶음 3개 ➡ 30

2 50은 오십 또는 쉰이라고 읽습니다.

4 |0개씩 묶음의 수가 클수록 더 큰 수입니다.

5 (1) |0개씩 묶음 3개는 30입니다.
(2) |0개씩 묶음 3개는 30이므로 달걀은 모두 30개입니다.

6 |0개씩 묶음 4개 ➡ 40

7 삼십을 수로 나타내면 30입니다.

> **참고**
> 삼십 또는 서른을 수로 나타내면 30입니다.

9 10개씩 묶음의 수가 작을수록 더 작은 수이므로 30은 50보다 작습니다.

10 10개씩 묶음 5개는 50이므로 팔찌 5개를 만드는 데 사용한 구슬은 50개입니다.

136~137쪽 1단계 교과서 바로 알기

확인 문제	한번 더! 확인
1 42	**5** 36
2 5	**6** 4
3 	**7**
4 (1) 해설 참고	**8** 2, 4, 4 **답** 4개
(2) 8개	

1 10개씩 묶음 4개와 낱개 2개 ➡ 42

2 2 5
    └─➡ 10개씩 묶음
    └─➡ 낱개

3 10개씩 묶음 4개와 낱개 1개 ➡ 41
    10개씩 묶음 3개와 낱개 5개 ➡ 35

4 (1) **예**

10개씩 세어 묶어 보면 3묶음까지 묶어 나타낼 수 있습니다.

(2) 모자는 10개씩 묶음 3개와 낱개 8개이므로 상자에 넣고 남는 모자는 8개입니다.

5 10개씩 묶음 3개와 낱개 6개 ➡ 36

6 4 8
    └─➡ 10개씩 묶음
    └─➡ 낱개

7 22는 이십이 또는 스물둘이라고 읽고, 34는 삼십사 또는 서른넷이라고 읽습니다.

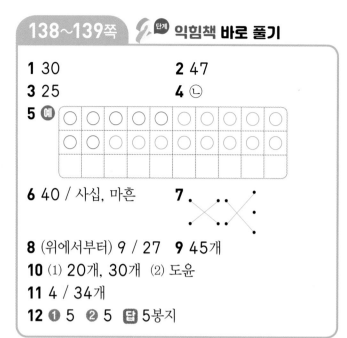

138~139쪽 2단계 익힘책 바로 풀기

1 30	**2** 47
3 25	**4** ㉡
5 예	

6 40 / 사십, 마흔   **7**

8 (위에서부터) 9 / 27   **9** 45개
10 (1) 20개, 30개 (2) 도윤
11 4 / 34개
12 ❶ 5 ❷ 5 **답** 5봉지

1 10마리씩 묶음 3개 ➡ 30

2 10개씩 묶음 4개와 낱개 7개 ➡ 47

3 이십오를 수로 나타내면 25입니다.

4 ㉠ 사십칠(47) ㉡ 사십육(46)

참고
49를 다른 방법으로 읽으면 마흔아홉입니다.

5 10개씩 묶음 2개가 되도록 빈칸에 ○를 더 그립니다.

6 10개씩 묶음 4개이므로 40개입니다.
    40은 사십 또는 마흔이라고 읽습니다.

7 30(서른, 삼십), 50(쉰, 오십)

8 ・39는 10개씩 묶음 3개와 낱개 9개인 수입니다.
    ・10개씩 묶음 2개와 낱개 7개인 수는 27입니다.

9 10개씩 묶음 4개와 낱개 5개 ➡ 45

10 (1) ・다은: 모자 2개 ➡ 10개씩 묶음 2개 ➡ 20개
     ・도윤: 모자 3개 ➡ 10개씩 묶음 3개 ➡ 30개
     (2) 연결 모형을 더 많이 사용한 사람은 도윤입니다.

11 종이비행기는 10개씩 묶음 3개와 낱개 4개이므로 모두 34개입니다.

12 감 50개는 10개씩 묶음 5개이므로 한 봉지에 10개씩 모두 담으면 5봉지가 됩니다.

140~141쪽 1단계 교과서 **바로 알기**

확인 문제	한번 더! 확인
1 18, 19	**6** 47, 48
2 28, 30	**7** 38, 39
3 (1) 18, 20	**8** 39, 41
(2) 31, 33	
4 23, 24	**9** 44
5 (1) 23 (2) 23번	**10** 14, 14 답 14번

1 11부터 순서대로 수 배열표를 채우면 빈칸에 알맞은 수는 18, 19입니다.

2 수를 순서대로 쓰면 26−27−28−29−30입니다.

3 (1) 19보다 1만큼 더 작은 수는 18, 1만큼 더 큰 수는 20입니다.
(2) 32보다 1만큼 더 작은 수는 31, 1만큼 더 큰 수는 33입니다.

참고
수를 순서대로 세었을 때 ■보다 1만큼 더 작은 수는 ■ 바로 앞의 수이고, ■보다 1만큼 더 큰 수는 ■ 바로 뒤의 수입니다.

4 22−23−24−25−26
➜ 22와 25 사이에 있는 수는 23, 24입니다.

주의
22와 25 사이에 있는 수에 22와 25는 포함되지 않습니다.

5 (1) 22보다 1만큼 더 큰 수는 23입니다.
(2) 미주의 사물함 번호는 23번입니다.

6 41부터 순서대로 수 배열표를 채우면 빈칸에 알맞은 수는 47, 48입니다.

7 수를 순서대로 쓰면 35−36−37−38−39입니다.

8 40보다 1만큼 더 작은 수는 39이고, 1만큼 더 큰 수는 41입니다.

9 43−44−45
➜ 43과 45 사이에 있는 수는 44입니다.

142~143쪽 1단계 교과서 **바로 알기**

확인 문제	한번 더! 확인
1 작습니다에 ○표	**6** 큽니다에 ○표
2 39에 ○표	**7** 17에 △표
3 25, 15	**8** 42, 47
4 작습니다에 ○표, 큽니다에 ○표	**9** 지호
5 (1) 45 (2) 유미	**10** 같으므로에 ○표, 29에 ○표, 동호
	답 동호

1 10개씩 묶음의 수를 비교하면 16은 31보다 작습니다.

참고
두 수의 크기를 비교할 때 10개씩 묶음의 수를 먼저 비교합니다.

2 10개씩 묶음의 수가 같으므로 낱개의 수를 비교하면 39는 35보다 큽니다.

3 10개씩 묶음의 수를 비교하면 25는 15보다 큽니다.

4 10개씩 묶음의 수를 비교합니다.
➜ ┌ 19는 21보다 작습니다.
└ 21은 19보다 큽니다.

주의
낱개의 수를 먼저 비교하지 않도록 주의합니다.

5 (1) 10개씩 묶음의 수를 비교하면 45는 36보다 큽니다.
(2) 구슬을 더 많이 모은 사람은 유미입니다.

6 10개씩 묶음의 수가 같으므로 낱개의 수를 비교하면 25는 23보다 큽니다.

7 10개씩 묶음의 수를 비교하면 17은 36보다 작습니다.

8 10개씩 묶음의 수가 같으므로 낱개의 수를 비교하면 42는 47보다 작습니다.

9 다은: 27은 24보다 큽니다.
24는 27보다 작습니다.

1 (◯) (   )   **2** (△) (   )
3 작습니다에 ◯표, 큽니다에 ◯표
4 34   **5** 25, 19 / 19, 25
6 41, 43, 44   **7** 지호
8 42에 ◯표   **9**

10 31, 32, 33, 34   **11**

12 ❶ 20, 21, 22   ❷ 은서   답 은서

2 10개씩 묶음의 수를 비교하면 32는 37보다 작습
니다.

3 10개씩 묶음의 수를 비교합니다.
➡ ┌ 35는 41보다 작습니다.
    └ 41은 35보다 큽니다.

4 35보다 1만큼 더 작은 수는 34입니다.

5 왼쪽 모형은 25이고, 오른쪽 모형은 19이므로 10개
씩 묶음의 수를 비교합니다.
➡ ┌ 25는 19보다 큽니다.
    └ 19는 25보다 작습니다.

6 수를 순서대로 쓰면 40−41−42−43−44−45
입니다.

7 10개씩 묶음의 수가 같으므로 낱개의 수를 비교하
면 26이 28보다 작습니다.
따라서 동화책을 더 적게 읽은 사람은 지호입니다.

참고
10개씩 묶음의 수가 클수록 큰 수입니다.

8 10개씩 묶음의 수가 21은 2개, 31은 3개, 42는
4개이므로 42가 가장 큰 수입니다.

9 수를 순서대로 잇습니다.
17−18−19−20−21−22−23−24

10 30부터 34까지 작은 수부터 순서대로 쓰면
30−31−32−33−34입니다.

11 아래에서 위로 1칸씩 갈 때마다 수가 1씩 커집니다.

1-1 ❶ 24, 25   ❷ 24, 25, 3   답 3명
1-2 예 ❶ 37부터 42까지의 수를 순서대로 쓰기:
37, 38, 39, 40, 41, 42
❷ 37번과 42번 사이에 꽂은 책은 38번, 39번,
40번, 41번으로 모두 4권입니다.
답 4권
2-1 ❶ 10   ❷ 3   ❸ 3   답 3개
2-2 예 ❶ 6과 6을 모으면 12입니다.
❷ 12를 8과 어떤 수로 가르기:

```
        12
       /  \
      8    4
```

❸ 다른 상자에 담은 빵의 수: 4개
답 4개

3-1 ❶ 1, 3   ❷ 4, 3   ❸ 43   답 43개
3-2 예 ❶ 낱개 16개는 10개씩 1봉지, 낱개 6개와
같습니다.
❷ 땅콩은 10개씩 3봉지와 낱개 6개가 있는 것
과 같습니다.
❸ 땅콩의 수: 36개
답 36개
4-1 ❶ 1   ❷ 18   답 18
4-2 예 ❶ 30보다 크고 40보다 작은 수이므로 10개
씩 묶음의 수가 3개입니다.
❷ 낱개의 수는 2개이므로 조건을 모두 만족하는
수는 32입니다.
답 32

3-1 참고
낱개 ★개인 수를 구할 때 ★이 10과 같거나 10보다 큰
경우
낱개가 10개인 수 ➡ 10개씩 묶음 1개인 수
낱개가 11개인 수 ➡ 10개씩 묶음 1개, 낱개 1개인 수
낱개가 12개인 수 ➡ 10개씩 묶음 1개, 낱개 2개인 수
⋮   ⋮

지피지기 **정답과 해설**

1 1   **2** 6, 16

3 50   **4** 40

5 (1) 10   (2) 1   **6** ㉡

7   **8** 34개

9 25, 47   **10** 48, 50

11 12, 14   **12** (○)(   )

13 ㉡   **14** 45

15 3   **16**

17 배   **18** 38

19 예 ❶ 25부터 28까지 수를 순서대로 쓰기: 25, 26, 27, 28
❷ 25번과 28번 사이에 서 있는 학생은 26번, 27번으로 모두 2명입니다.
답 2명

20 예 ❶ 낱개 11자루는 10자루씩 1묶음, 낱개 1자루와 같습니다.
❷ 연필은 10자루씩 3묶음과 낱개 1자루가 있는 것과 같습니다.
❸ 연필의 수: 31자루
답 31자루

1 ○○○○○○○○○● ➡ 9보다 1만큼 더 큰 수는 10입니다.

2 10개씩 묶음 1개와 낱개 6개 ➡ 16

3 쉰을 수로 나타내면 50입니다.

4 10개씩 묶음 4개는 40입니다.

5 (1) 8과 2를 모으면 10이 됩니다.
(2) 10은 9와 1로 가르기를 할 수 있습니다.

6 ㉠ 오징어 다리는 열 개입니다.

7 12(십이, 열둘)
15(십오, 열다섯)
16(십육, 열여섯)

8 10개씩 묶음 3개와 낱개 4개 ➡ 34

9 • 10개씩 묶음 2개와 낱개 5개 ➡ 25
• 10개씩 묶음 4개와 낱개 7개 ➡ 47

참고
10개씩 묶음 ■개와 낱개 ▲개 ➡ ■▲
(단, ▲는 0부터 9까지의 수입니다.)

10 47부터 수를 순서대로 쓰면 47-48-49-50입니다.

11 13보다 1만큼 더 작은 수는 12이고, 1만큼 더 큰 수는 14입니다.

12 6과 7을 모으면 13, 8과 6을 모으면 14가 됩니다. 따라서 13을 두 수로 바르게 가르기한 것은 6과 7입니다.

13 10개씩 묶음의 수를 비교합니다.
㉠ 41은 39보다 큽니다.
    39는 41보다 작습니다.

14 10개씩 묶음의 수를 비교하면 가장 작은 수는 39입니다.
45와 40은 10개씩 묶음의 수가 같으므로 낱개의 수를 비교하면 45는 40보다 큽니다.
따라서 가장 큰 수는 45입니다.

15 12는 9와 3으로 가르기를 할 수 있습니다. ➡ ㉠=3

16 6과 8, 5와 9, 7과 7을 모으면 각각 14가 됩니다.

17 마흔여섯 ➡ 46
10개씩 묶음의 수를 비교하면 46이 39보다 큽니다. 따라서 더 많이 있는 과일은 배입니다.

18 수를 작은 수부터 써 보면 20, 30, 33, <u>35</u>, 38, <u>40</u>이므로 35보다 크고 40보다 작은 수는 38입니다.

19

채점 기준		
❶ 25부터 28까지의 수를 순서대로 씀.	2점	
❷ 25번부터 28번 사이에 서 있는 학생 수가 몇 명인지 구함.	3점	5점

20

채점 기준		
❶ 낱개 11자루는 10자루씩 몇 묶음, 낱개 몇 자루와 같은지 구함.	2점	
❷ 연필은 10자루씩 몇 묶음과 낱개 몇 자루와 같은지 구함.	2점	5점
❸ 연필은 모두 몇 자루인지 구함.	1점	

1 9까지의 수

1 (예)

○ ○ ○ ○

2
- ● —— 하나
- ○○ —— 둘
- ●●● —— 셋
- ○○○○ —— 넷
- ●●●●● —— 다섯

(1 → 하나, 2 → 둘, 3 → 셋, 4 → 넷, 5 → 다섯)

3 셋, 삼

4

5 사에 ○표

6 (예)

7 4

8

9 | ♥ ♥ ♥ ♥ ♥
  | ♥ ♥ ♥ ♥ ♥

9 ○○○○○○○○○ / 9

10 ○○○○○○○○ / 8

11

○ ○ ○ ○ ○
○ ○ ○

12
- 🚗 (7) —— 일곱
- 🚲 (6) —— 여섯

13 구

14 ❶ 9, 8, 8 ❷ ㉠ 답 ㉠

3 먹은 사과의 수를 세어 보면 하나, 둘, 셋이므로 3 입니다.
3은 셋 또는 삼이라고 읽습니다.

5 5는 다섯 또는 오라고 읽습니다.

6 곰 인형 1개를 ◯로 묶습니다.

7 묶지 않은 곰 인형의 수를 세어 보면 넷이므로 4입 니다.

8 9이므로 하나부터 아홉까지 세어 가며 색칠합니다.

9 🐟의 수를 세어 보면 아홉이므로 ○를 9개 그리 고, 9라고 씁니다.

10 ✴의 수를 세어 보면 여덟이므로 ○를 8개 그리 고, 8이라고 씁니다.

11 ○가 3(셋) 있으므로 넷부터 여덟까지 세어 가며 ○ 를 5개 더 그립니다.

(참고)
여덟은 8(팔)입니다.

1
- 위에서 첫째 서랍
- 아래에서 둘째 서랍

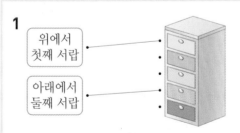

2

3 ♡ ♥ ♡ ♥ ♡

4 넷째   **5** 여섯째

6 곰

7 ❶ 우진, 리우 ❷ 리우 답 리우

8
1   4   5   8   9

2   3   6   7

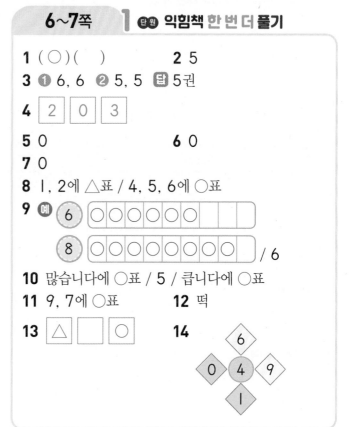

10 하린

11

12 8, 7, 6, 5 **13** 5

1 위에서부터 순서를 세어 보면 위에서 첫째는 노란색 서랍입니다.
아래에서부터 순서를 세어 보면 아래에서 둘째는 초록색 서랍입니다.

2 셋째는 순서를 나타내므로 오른쪽에서부터 셋째에 있는 크레파스 1개에만 ○표 합니다.

3 넷째는 순서를 나타내므로 왼쪽에서부터 넷째에 있는 그림 1개에만 색칠합니다.

5 기린부터 순서를 세어 보면 토끼는 여섯째에 있습니다.

6 기린부터 순서를 세어 보면 셋째에 있는 동물은 새이고, 다섯째에 있는 동물은 돼지이므로 셋째와 다섯째 사이에 있는 동물은 곰입니다.

7

왼쪽에서 셋째 줄에 앉은 친구들
앞에서 둘째 줄에 앉은 친구들

세아 서준 리우 솔지
지후 주아 우진 지율

12 8부터 수의 순서를 거꾸로 세어 5까지 쓰면 8-7-6-5입니다.

13 1부터 9까지의 수를 순서대로 쓰면
1-2-3-4-5-6-7-8-9이므로 ㉠에 알맞은 수는 5입니다.

1 (○)( ) **2** 5
3 ❶ 6, 6 ❷ 5, 5 답 5권
4 2 0 3
5 0 **6** 0
7 0
8 1, 2에 △표 / 4, 5, 6에 ○표
9 예 6 ○○○○○○
8 ○○○○○○○○ / 6
10 많습니다에 ○표 / 5 / 큽니다에 ○표
11 9, 7에 ○표 **12** 떡
13 △ □ ○ **14** 6 0 4 9 1

1 3보다 1만큼 더 큰 수는 4입니다.
모자의 수가 4인 것은 왼쪽 그림입니다.

2 4보다 1만큼 더 큰 수는 5입니다.

5 수를 순서대로 세었을 때 1 바로 앞의 수는 0입니다.

6 □보다 1만큼 더 큰 수가 1이므로 □는 1 바로 앞의 수인 0입니다.

7 남아 있는 도토리가 없으므로 0입니다.
참고 아무것도 없는 것을 0이라고 씁니다.

9 6이 8보다 ○를 더 적게 그렸으므로 더 작은 수는 6입니다.

11 1-2-3-4-5-⑥-7-8-9
➜ 수를 순서대로 썼을 때 6보다 큰 수는 6보다 뒤에 쓴 수이므로 7, 9입니다.

13 새의 수는 2, 개구리의 수는 4, 오리의 수는 8입니다. 2, 4, 8 중에서 가장 큰 수는 8이고 가장 작은 수는 2입니다.

14 6과 9는 4보다 큰 수이고, 0과 1은 4보다 작은 수입니다.

8~9쪽 1 ^{단원} 서술형 한번 더 쓰기

1-1 ① 예

　② 5, 5　답 5개

1-2 답 6자루

2-1 ① 4, 5　② 2　답 2개

2-2 답 3개

3-1 ① 적게에 ○표　② 3, 3　답 3개

3-2 답 8벌

4-1 ①

　② 일곱　답 일곱째

4-2 답 넷째

1-2 ① 윤주가 가진 색연필을 ▭로 묶어 봅니다.

　② ▭로 묶고 남은 색연필의 수: 6자루
　➡ 세아가 가진 색연필의 수: 6자루

2-2 ① 5보다 크고 9보다 작은 수 모두 쓰기: 6, 7, 8
　② 5보다 크고 9보다 작은 수는 모두 3개입니다.

3-2 전략
치마에 대한 문장으로 바꾸고 바꾼 문장에서 바지 대신 바지의 수 7을 써서 치마의 수를 구합니다.

　① 치마는 바지보다 1벌 더 많이 있습니다.
　② 7보다 1만큼 더 큰 수는 8이므로 치마는 8벌 있습니다.

4-2 ① 뒤에서 둘째에 서 있는 사람을 찾아 ○표 합니다.
　② 위 ❶에서 ○표 한 사람은 앞에서 넷째에 서 있으므로 세호는 앞에서 넷째에 서 있습니다.

참고

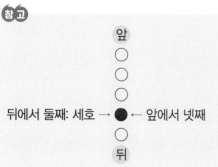

앞
○
○
○
뒤에서 둘째: 세호 → ● ← 앞에서 넷째
○
뒤

---

2 여러 가지 모양

10~11쪽 2 ^{단원} 익힘책 한번 더 풀기

1 ㉢　　　　　　**2** 3개

3 2개　　　　　**4** ③, ⑤

5 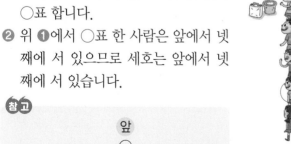　**6** ⬜에 ○표 / 예 필통

7 ㉡

8

9

10 ㉢

11 ①

가	⬜, ⬛, ⬤
나	⬜, ⬛, ⬤
다	⬜, 📦, ⬤

　② 나　답 나

---

1 서랍장은 ⬜ 모양이고 ⬜ 모양인 것은 ㉢입니다.

참고
㉠은 ⬤ 모양이고, ㉡은 📦 모양입니다.

2 📦 모양: 저금통, 풀, 음료수 캔 ➡ 3개

3 ⬤ 모양: 축구공, 구슬 ➡ 2개

4 ① 오렌지, ② 볼링공, ④ 구슬 ➡ ⬤ 모양
　③ 휴지통 ➡ 📦 모양
　⑤ 두유 ➡ ⬜ 모양

5 ・김밥, 드럼통: 📦 모양
　・동화책, 지우개: ⬜ 모양
　・멜론, 야구공: ⬤ 모양

6 바둑판은 ⬜ 모양이고, 주변에서 찾을 수 있는 ⬜ 모양의 물건은 필통, 냉장고, 전자레인지, … 등이 있습니다.

7 음료수 캔, 통조림 캔, 자동차 바퀴, 큰북은 모두 🔵 모양이므로 🔵 모양을 모은 것입니다.

8 🔲 모양의 물건은 백과사전, 냉장고입니다.

> **참고**
> 통조림 캔과 두루마리 휴지는 🔵 모양입니다.

9 🔵 모양의 물건은 방석, 물통입니다.

> **참고**
> 벽돌은 🔲 모양, 테니스 공은 ⚪ 모양입니다.

10 ㉠ 페인트 통은 🔵 모양이므로 🔵 모양을 찾으면 ㉢ 양초입니다.

11 ❶ 가: 야구공, 비치볼, 구슬 ➡ ⚪ 모양
　　　 나: 선물 상자, 택배 상자 ➡ 🔲 모양
　　　 　축구공 ➡ ⚪ 모양
　　　 다: 풀, 음료수 캔, 큰북 ➡ 🔵 모양
　　 ❷ 따라서 잘못 모은 것은 나입니다.

12~13쪽 **2** 단원 익힘책 **한 번 더 풀기**

1 (　)(◯)(　)　　**2** ㉡
3 ㉠　　　　　　　　**4** ㉠
5 ㉡, ㉢　　　　　　**6** 나
7 🔲에 ◯표　　　　　**8** ㉢
9 1개, 2개, 3개　　　**10** ⟋
11 ❶ 4개, 1개　❷ 5　**답** 5개

---

1 평평한 부분도 있고 둥근 부분도 있는 모양은 🔵 모양입니다.

> **참고**
> **알맞은 모양 찾기**
> • 뾰족한 부분과 평평한 부분이 모두 있으면 🔲 모양입니다.
> • 평평한 부분과 둥근 부분이 모두 있으면 🔵 모양입니다.
> • 둥근 부분만 있으면 ⚪ 모양입니다.

2 ㉠ 🔲 모양은 둥근 부분이 없어서 잘 굴러가지 않으므로 바퀴로 사용하기에 알맞지 않습니다.

3 ㉠ ⚪ 모양은 평평한 부분이 없어서 잘 쌓을 수 없습니다.

4 어느 쪽으로도 잘 쌓을 수 있는 물건은 🔲 모양인 ㉠입니다.

5 평평한 부분이 있어 쌓을 수 있는 물건은 🔲 모양인 ㉡과 🔵 모양인 ㉢입니다.

6 뾰족한 부분과 평평한 부분이 보이므로 🔲 모양입니다. 따라서 🔲 모양의 물건끼리 모은 것은 나입니다.

> **참고**
>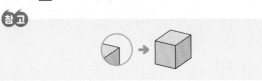

7 🔲 모양 5개를 사용하여 만든 것입니다.

8 🔲 모양 4개, 🔵 모양 2개를 사용하여 만든 모양이므로 사용하지 않은 모양은 ⚪ 모양입니다.

9 모양을 만드는 데 🔲 모양 1개, 🔵 모양 2개, ⚪ 모양 3개를 사용했습니다.

> **주의**
> 모양의 수를 셀 때 빠뜨리거나 두 번 세지 않도록 서로 다른 표시를 하면서 셉니다.

10 주어진 모양을 모두 사용하여 만든 모양은 오른쪽 모양입니다.

> **참고**
>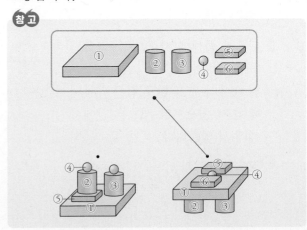

11 ❷ 가와 나를 만드는 데 사용한 🔵 모양을 이어서 세어 보면 하나, 둘, 셋, 넷, 다섯이므로 모두 5개입니다.

1-1 ❶ ⬡️에 ○표 ❷ ㉠, ㉣ / 2 답 2개
1-2 답 3개
2-1 ❶ ⬦에 ○표 ❷ ㉢ 답 ㉢
2-2 답 ㉠
3-1 ❶ ⬛,⬡에 ○표 / ⬛, ◯에 ○표 ❷ ⬛에 ○표
답 ⬛에 ○표
3-2 답 ⬡에 ○표
4-1 ❶ 4, 2 ❷ 6 답 6개
4-2 답 5개

1-2 ❶ 뾰족한 부분과 평평한 부분이 모두 있는 모양:
⬛ 모양
❷ 위 ❶에서 구한 모양의 물건: ㉠, ㉡, ㉣ ➜ 3개

2-1 참고
❶ 주사위 모양은 평평한 부분과 뾰족한 부분이 모두 있
으므로 ⬛ 모양입니다.
❷ ㉠, ㉡, ㉣은 ⬛ 모양이고, ㉢은 ◯ 모양이므로 관
계 없는 것은 ㉢입니다.

2-2 ❶ 음료수 캔의 모양: ⬡ 모양
❷ 관계 없는 것의 기호: ㉠
참고
❶ 음료수 캔의 모양은 평평한 부분과 둥근 부분이 모두
있으므로 ⬡ 모양입니다.
❷ ㉡, ㉢, ㉣은 ⬡ 모양이고, ㉠은 ⬛ 모양입니다.

3-1 참고
❶ 가: 작은북은 ⬡ 모양, 나무토막은 ⬛ 모양입니다.
나: 과자 상자는 ⬛ 모양, 수박은 ◯ 모양입니다.

3-2 ❶ 모은 물건의 모양 모두 찾기
가: ⬛ 모양, ⬡ 모양
나: ◯ 모양, ⬡ 모양
❷ 공통으로 찾을 수 있는 모양: ⬡ 모양

4-2 ❶ 사용한 모양의 수 구하기
⬡ 모양: 3개, ◯ 모양: 2개
❷ ⬡ 모양과 ◯ 모양의 수: 5개

---

3 덧셈과 뺄셈

1 6 **2** 5
3 (1) ◯◯◯ (2) 3개

4 예

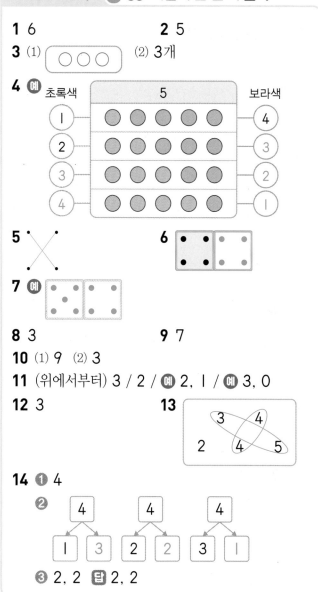

5 (교차선) **6** (주사위 점 모양)

7 예 (주사위 점 모양)

8 3 **9** 7
10 (1) 9 (2) 3
11 (위에서부터) 3 / 2 / 예 2, 1 / 예 3, 0
12 3 **13**
```
     3   4
  2    4    5
```

14 ❶ 4
❷
4		4		4
1	3	2	2	3	1

❸ 2, 2 답 2, 2

1 조각 케이크 2개와 컵케이크 4개를 모으면 케이크
6개가 됩니다.

2 구슬 7개는 2개와 5개로 가를 수 있습니다.

3 8은 5와 3으로 가를 수 있으므로 진열대에 남은 판
다 인형은 3개입니다.

4 5는 0과 5, 1과 4, 2와 3, 3과 2, 4와 1, 5와 0
으로 가를 수 있습니다.

5 • 리본 4개와 2개를 모으면 리본 6개가 됩니다.
• 리본 3개와 3개를 모으면 리본 6개가 됩니다.

6 점 4개와 4개를 모으면 8개가 되므로 빈 곳에 점 4개를 그립니다.

7 모아서 9가 되는 방법은 여러 가지입니다.
0과 9, 1과 8, 2와 7, 3과 6, 4와 5, 5와 4, 6과 3, 7과 2, 8과 1, 9와 0을 모으면 9가 됩니다.

9 양쪽의 점 5개와 2개를 모으면 7개가 됩니다.

11 3은 0과 3, 1과 2, 2와 1, 3과 0으로 가르기할 수 있습니다.

12 7은 4와 3으로 가를 수 있으므로 오른손에 있는 구슬은 3개입니다.

13 3과 5, 4와 4를 각각 모으면 8이 됩니다.

14 참고

똑같은 두 수로 가르기한 경우

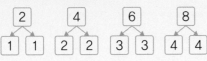

18~19쪽 3 단원 익힘책 한 번 더 풀기

1 4 / 6

2 참외가 6개, 복숭아가 3개이므로 모두 9 개입니다.

3 빨간색 피망은 초록색 피망보다 3개 더 많으므로 5 개입니다.

4 7 / 7 / 3, 7

5 (선 잇기 그림)

6 예 2+4=6 / 예 2 더하기 4는 6과 같습니다.

7 , 7마리

8 (선 잇기 그림)

9 덧셈식 4+5=9 답 9마리

10 예 3+2=5 / 4+5=9

11 ❶ 2, 5 ❷ 5, 9 답 9명

---

1 전략

더하거나 합하는 것은 '모두'라는 표현을 써서 덧셈 이야기를 만듭니다.

5 • 부채 3개와 선풍기 2대
→ 3+2=5
• 초록색 구슬 4개와 빨간색 구슬 3개
→ 4+3=7
• 닭 2마리와 병아리 4마리
→ 2+4=6

6 새 2마리가 앉아 있는데 4마리가 더 날아왔으므로 모두 6마리입니다.
2+4=6은 '2 더하기 4는 6과 같습니다.' 또는 '2와 4의 합은 6입니다.'라고 읽습니다.

7 5와 2를 모으면 7이므로 물개는 모두 7마리입니다.

8 2+7=9, 1+6=7
6+1=7, 7+2=9
3+5=8, 5+3=8

다른 풀이

수의 순서를 바꾸어 더해도 합이 같으므로
2+7=7+2
6+1=1+6
3+5=5+3입니다.

9 (수족관에 있는 펭귄 수)
=(물 밖에 있는 펭귄 수)+(물속에 있는 펭귄 수)
=4+5=9(마리)

10 (사람 수)+(진열대 수)=3+2=5,
(그림 수)+(조명 수)=4+5=9 등과 같이 여러 가지 덧셈식을 쓸 수 있습니다.

11 ❶ 처음 놀이터에 있던 남자 어린이 3명과 여자 어린이 2명을 더하면 처음 놀이터에 있던 어린이 수입니다.
→ 3+2=5(명)
❷ 처음 놀이터에 있던 어린이 수에 놀이터에 더 온 어린이 수만큼 더하는 덧셈식을 만듭니다.
→ (처음 놀이터에 있던 어린이 수)
+(더 온 어린이 수)
=5+4=9(명)

1 3, 2   **2** 6, 2

3 위 줄에 4개, 아래 줄에 $\boxed{5}$개 있습니다. 안경이 아래 줄에 $\boxed{1}$개 더 많이 있습니다.

4 3, 1   **5** **빼셈식** $9-3=6$

6 **빼셈식** $3-2=1$
   읽기 **예** 3 빼기 2는 1과 같습니다.

7 **예**

 / 3

8 4, 3 / 3

9 (위에서부터) 5 /

   예
   ○ ○ ○ ○ ○ ○ ⦸ ⦸

10 $4-2=2$, 2개

11 **예** $5-3=2$ / $8-2=6$

12 ❶ 4, 4, 4 / 4   ❷ **예** $8-4$
   빼셈 **예** $8-4$

2 '남은'이라는 표현을 써서 뺄셈 이야기를 만들었습니다.

4 꽃잎 4장 중에서 3장이 떨어져 1장이 남았으므로 $4-3=1$로 쓸 수 있습니다.

6 ⬛ 모양은 3개, 🔵 모양은 2개이므로 ⬛ 모양은 🔵 모양보다 $3-2=1$(개) 더 많습니다.
   $3-2=1$은 '3과 2의 차는 1입니다.'라고 읽을 수도 있습니다.

10 (처음에 꽂혀 있던 떡의 수)−(먹은 떡의 수)
   $=4-2=2$(개)

11 (우비를 입은 학생 수)−(우산을 쓴 학생 수)
   $=5-3=2$,
   (전체 학생 수)−(보조가방을 든 학생 수)
   $=8-2=6$
   등과 같이 여러 가지 뺄셈식을 쓸 수 있습니다.

12 ❷ 친구들이 말한 뺄셈은 차가 4이므로 지유가 말할 수 있는 뺄셈은 $9-5$ 또는 $8-4$입니다.

1 0, 4   **2** 3, 0

3 민재   **4** (○)(   )(   )

5
   ⸱ ⤬ ⸱
   ⸱   ⸱

6 ❶ 2, 0   ❷ ㉠에 ○표   **답** ㉠

7 ⑴ 7, 8, 9   ⑵ 3, 2, 1

8 (위에서부터) 4, 3, 2, 1, 0

9 (위에서부터) 3, 5 / **예** 5, 8 / **예** 3, 2

10 ⑴ $+$ ⑵ $-$ **11** $7-2=5$ / $7-5=2$

12 ④ ③ ②

1 4명이 타고 있는 코끼리 열차에 더 타는 사람이 아무도 없어서 코끼리 열차에 타고 있는 사람은 모두 4명입니다. → $4+0=4$

2 코끼리 열차에 3명이 타고 있었는데 3명이 모두 내렸으므로 코끼리 열차에 남은 사람은 0명입니다.
   → $3-3=0$

3 뺄셈식: $5-0=5$
   주의
   딸기 5개가 있었는데 딸기 5개가 그대로 있으므로 전체에서 0을 빼는 뺄셈식입니다.

4 양쪽 점의 수의 합은 왼쪽부터 차례로
   $0+6=6$, $4+3=7$, $5+0=5$입니다.

5 $3+3=6$, $4-0=4$
   $2+6=8$, $9-1=8$
   $0+4=4$, $6-0=6$

9 덧셈식 $3+2=5$와 뺄셈식 $5-2=3$으로 만들 수도 있습니다.
   참고
   전체 공의 수에서 농구공과 축구공의 수를 각각 빼는 뺄셈식인 $8-3=5$ 또는 $8-5=3$으로 만들 수도 있습니다.

10 ⑴ 왼쪽의 두 수 5, 1보다 계산한 값(6)이 커졌으므로 '$+$'를 씁니다.
   ⑵ 가장 왼쪽의 수 9보다 계산한 값(0)이 작아졌으므로 '$-$'를 씁니다.

12 • 빨간색 공: 8−4=4
　　• 파란색 공: 7−4=3
　　• 노란색 공: 6−4=2

24~25쪽 3 단원 서술형 한 번 더 쓰기

1-1 ❶ 2　❷ 2, 4　답 4개
1-2 답 2개
2-1 ❶ 5, 4　❷ 예 5, 4, 9
　　　답 9개
2-2 답 3개
3-1 ❶ 2, 6　❷ 6, 5　답 5권
3-2 답 7명
4-1 ❶ 예

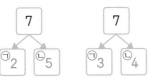

　　　❷ 3　답 3가지
4-2 답 4가지

1-2 ❶ 자루 안에 있는 애호박 수: 0개
　　　❷ (전체 애호박 수)=2+0=2(개)

참고
(전체 애호박 수)
=(자루 밖에 있는 애호박 수)+(자루 안에 있는 애호박 수)

2-2 ❶ 🛢️ 모양: 8개, 📦 모양: 5개
　　　❷ (🛢️ 모양의 수)−(📦 모양의 수)=8−5=3(개)

3-2 ❶ 정류장에서 3명이 내린 후 버스에 있는 승객 수:
　　　6−3=3(명)
　　　❷ 4명이 탄 후 지금 버스에 있는 승객 수:
　　　3+4=7(명)

4-2 ❶ ⓛ에 더 큰 수를 써가며 가르기하기

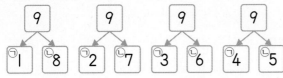

　　　❷ ⓛ 접시에 호두과자가 더 많게 나누어 담는 방법:
　　　4가지

4 비교하기

26~27쪽 4 단원 익힘책 한 번 더 풀기

1 자전거에 ○표
2 ╳
3 ( )(○)(△)
4 (○)( )
5 지호
6 가
7 하린
8 길다, 짧다 ｜ 높다, 낮다
9 ( )(△)(○)
10 ｜, 3, 2
11 비둘기
12 지훈
13 ❶ 현우　❷ 현우　답 현우

3 아래쪽 끝이 맞추어져 있으므로 위쪽 끝을 비교합니다. 따라서 가장 긴 것은 칫솔, 가장 짧은 것은 빗입니다.

4 단체 줄넘기 줄이 ｜인용 줄넘기 줄보다 더 깁니다.

5 아래쪽 끝이 맞추어져 있으므로 위쪽 끝을 비교합니다.
➜ 다은: 고구마는 옥수수보다 더 짧습니다.

6 양쪽 끝이 맞추어져 있으므로 더 적게 구부러진 가의 줄이 가장 짧습니다.

8 높이를 비교하는 말에는 '높다', '낮다'가 있습니다.

9 맨 오른쪽 건물이 가장 높고, 가운데 건물이 가장 낮습니다.

11 위쪽 끝이 맞추어져 있으므로 아래쪽 끝을 비교하면 비둘기가 참새보다 더 큽니다.

12 위쪽 끝이 맞추어져 있으므로 아래쪽 끝을 비교하면 지훈이가 가장 큽니다.

28~29쪽 4 단원 익힘책 한 번 더 풀기

1 수박
2 ①, ⑤
3 가볍습니다에 ○표
4 (△)( )(○)
5 ⓛ
6 ❶ 무거운에 ○표　❷ ⓛ　답 ⓛ
7 ( )(△)
8 ⓛ에 ○표
9 나

10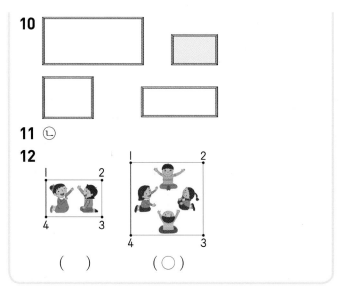

11 ㉡

12

( )   (○)

4 벽돌이 가장 무겁고, 풍선이 가장 가볍습니다.

> **주의**
> 크기가 큰 것이 항상 무거운 것은 아닙니다.

5 시소가 아래로 내려간 쪽이 더 무거우므로 장훈이는 혜리보다 무겁고 준서보다 가볍습니다.

8 겹쳐 맞대어 보았을 때 ㉡이 모자라므로 ㉡이 ㉠보다 더 좁습니다.

9 겹쳐 맞대어 보았을 때 가장 많이 남는 나가 가장 넓습니다.

11 수첩은 붙임딱지보다 더 넓어야 합니다.

12 |부터 4까지 순서대로 이어 만들어지는 두 개의 돗자리를 비교하면 4명이 앉을 수 있는 돗자리가 2명이 앉을 수 있는 돗자리보다 더 넓습니다.

30~31쪽 4 단원 **익힘책** 한 번 더 **풀기**

1 적습니다에 ○표   **2** 다은
3 (△)( )   **4** ( )(○)(△)
5 ㉢
6 ❶ 커야에 ○표 ❷ 나 답 나
7 나, 가   **8** ✕
9 가   **10** ㉠
11 (△)(○)( )   **12** 주스

---

3 왼쪽의 물통 2개는 오른쪽의 물통 2개보다 담을 수 있는 양이 더 적습니다.

4 담을 수 있는 양이 가장 많은 것은 가운데 그릇이고, 가장 적은 것은 맨 오른쪽 그릇입니다.

5 지유의 그릇은 담을 수 있는 양이 가장 많은 ㉢입니다.

10 그릇의 모양과 크기가 같으므로 물의 높이가 왼쪽 그릇보다 낮은 ㉠에 담긴 물의 양이 더 적습니다.

12 모양과 크기가 같은 그릇에 부었을 때 높이가 낮을수록 담긴 양이 더 적습니다. 주스가 우유보다 높이가 낮으므로 주스가 더 적게 들어 있었습니다.

32~33쪽 4 단원 **서술형** 한 번 더 **쓰기**

1-1 ❶ 무겁습니다에 ○표 ❷ 벽돌 답 벽돌
1-2 답 김
2-1 ❶ 깁니다에 ○표 / 깁니다에 ○표
    ❷ 국자 답 국자
2-2 답 볼펜
3-1 ❶ 이불 ❷ 액자 ❸ 액자, 손수건, 이불
    답 액자, 손수건, 이불
3-2 답 교실, 체육관, 운동장
4-1 ❶ 적을수록에 ○표 ❷ ㉡ ❸ ㉡ 답 ㉡
4-2 답 ㉠

1-2 ❶ 분홍색 뚜껑이 덮여 있는 쪽에 있는 음식이 더 가볍습니다.
    ❷ 분홍색 뚜껑이 덮여 있는 쪽에 있는 음식: 김

2-2 ❶ 색연필은 필통보다 짧습니다.
    볼펜은 색연필보다 짧습니다.
    ❷ 가장 짧은 것: 볼펜

3-2 ❶ 체육관보다 더 넓은 곳: 운동장
    ❷ 체육관보다 더 좁은 곳: 교실
    ❸ 좁은 곳부터 순서대로 쓰기:
    교실-체육관-운동장

4-2 ❶ 담기는 양이 많을수록 물을 더 늦게까지 받게 됩니다.
    ❷ 담을 수 있는 양이 더 많은 쪽: ㉠
    ❸ 물을 더 늦게까지 받게 되는 쪽: ㉠

5 50까지의 수

1 10

2 ☐☐☐☐☐ / ☐☐☐☐☐ , 10

3 7

4 (○)( )(○)

5 십에 ○표

6 ❶ 8 ❷ 8, 2, 2 답 2개

7 7 3 → 10

8 10 → 6 4

9 (○)( )

10 (1) 7 (2) 10

11 1에 ○표

12 ( )(×)( )

13 ㉠

---

1 9보다 1만큼 더 큰 수는 10입니다.

2 빵은 하나, 둘, 셋, ..., 아홉, 열 개입니다.

3
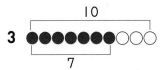

➡ 10은 7보다 3만큼 더 큰 수입니다.

4 하나부터 열까지 세어 10개인 것을 모두 찾습니다.

5 우리 집은 십 층입니다.

6 토마토를 10개 담으려면 접시에 토마토 8개가 담겨 있으므로 2개를 더 담아야 합니다.

7 7과 3을 모으면 10이 됩니다.

8 버스와 택시 10대는 버스 6대와 택시 4대로 가르기를 할 수 있습니다.

9 10은 2와 8로 가르기를 할 수 있습니다.

10 (1) 10은 3과 7로 가르기를 할 수 있습니다.
(2) 5와 5를 모으면 10이 됩니다.

11 9와 1을 모으면 10이 됩니다.

12 5와 4를 모으면 9가 됩니다.

13 10은 1과 9, 4와 6으로 가르기할 수 있습니다.
➡ ㉠은 9, ㉡은 6이므로 더 큰 수는 ㉠입니다.

---

1 4 / 14

2 예

12

3 예

4 예
18
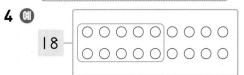

5

6 16, 13 / 토마토

7 19개

8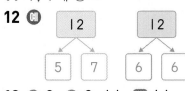
13

9 9

10

11 9, 7에 ○표

12 예
12 → 5 7
12 → 6 6

13 ❶ 9 ❷ 9, 11 답 11

---

1 10개씩 묶음 1개와 낱개 4개 ➡ 14

2 10개씩 묶음 1개와 낱개 2개 ➡ 12

3 1부터 15까지 세면서 15개의 나뭇잎을 색칠합니다.

4 열여덟(18)까지 세면서 ○를 그리고, ○를 10개 묶어 봅니다.

5 11(십일, 열하나), 17(십칠, 열일곱)

6 10개씩 묶음의 수가 같으므로 낱개의 수를 비교하면 더 큰 수는 16입니다.
따라서 더 많은 것은 토마토입니다.

7 10개씩 묶음 1개와 낱개 9개 ➡ 19

8 9와 4를 모으면 13이 됩니다.

9 15는 6과 9로 가르기할 수 있습니다.

10 7과 4, 8과 3을 모으면 11이 됩니다.

11 9와 7을 모으면 16이 됩니다.

12 12는 (1, 11), (2, 10), (3, 9), (4, 8), (5, 7), (6, 6), (7, 5), (8, 4), (9, 3), (10, 2), (11, 1)로 가르기할 수 있습니다.

38~39쪽 **5** 단원 **익힘책** 한 번 더 풀기

1 20 / 이십, 스물   **2** 40, 50
3 ·   ·   **4** 작습니다에 ○표
5 ④   **6** ㉡
7 40개   **8** 46 / 사십육
9 24   **10** 38
11 (위에서부터) 8 / 3 / 21
12 ㉢
13 ❶ 9 ❷ 29 답 29개

1 10개씩 묶음 2개 ➡ 20(이십, 스물)

2 10개씩 묶음 4개는 40이고, 10개씩 묶음 5개는 50입니다.

3 구슬: 10개씩 묶음 3개 ➡ 30
곶감: 10개씩 묶음 2개 ➡ 20

4 30이 40보다 10개씩 묶음의 수가 작으므로 30은 40보다 작습니다.

5 ④ 40 ➡ 사십, 마흔

6 ㉠ 사십(40), ㉡ 서른(30), ㉢ 마흔(40), ㉣ 40
➡ 나타내는 수가 나머지와 다른 하나는 ㉡입니다.

7 10개씩 묶음 4개는 40이므로 밤은 모두 40개입니다.

8 46은 마흔여섯 또는 사십육이라고 읽습니다.

---

9 10개씩 묶음 2개와 낱개 4개 ➡ 24

10 10개씩 묶음 3개와 낱개 8개 ➡ 38

11 ·48: 10개씩 묶음 4개와 낱개 8개인 수
·32: 10개씩 묶음 3개와 낱개 2개인 수
·10개씩 묶음 2개와 낱개 1개인 수: 21

주의
10개씩 묶음 ■개와 낱개 ▲개인 수는 ■▲입니다.
10개씩 묶음의 수와 낱개의 수를 바꿔서 생각하지 않도록 주의합니다. (단, ▲는 0부터 9까지의 수입니다.)

12 ㉠ 10개씩 묶음 3개와 낱개 5개 ➡ 35
㉡ 서른다섯 ➡ 35
㉢ 삼십이 ➡ 32
따라서 나타내는 수가 35와 다른 것은 ㉢입니다.

13 ❶ 모형을 10개씩 묶어 세면 10개씩 묶음 2개와 낱개 9개입니다.
❷ 10개씩 묶음 2개와 낱개 9개는 29이므로 모형의 수는 29개입니다.

40~41쪽 **5** 단원 **익힘책** 한 번 더 풀기

1 27, 28   **2** 44, 46
3 27   **4** 29, 27
5 19, 20, 21, 22, 23
6 40쪽
7 (위에서부터) 31, 32 / 44 / 48 / 39, 38, 35
8 48   **9** 13 / 13, 20
10 (1) 46에 ○표 (2) 31에 ○표
11 14   **12** 소희
13 ❶ 27 ❷ 28, 29 답 28, 29

1 25부터 수를 순서대로 쓰면
25−26−27−28−29입니다.

2 43부터 수를 순서대로 쓰면
43−44−45−46−47입니다.

3 22부터 수를 순서대로 쓰면
22−23−24−25−26−27이므로 ♥에 알맞은 수는 27입니다.

4 28보다 I만큼 더 큰 수: 29
28보다 I만큼 더 작은 수: 27

5 18부터 23까지 수를 작은 수부터 순서대로 씁니다.
→ 18−19−20−21−22−23

6 39 바로 뒤의 수는 40이므로 내일은 40쪽부터 읽어야 합니다.

7 화살표 방향으로 I칸씩 갈 때마다 I씩 커집니다.

27	28	29	30	31	32
42	43	44	45	46	33
41	50	49	48	47	34
40	39	38	37	36	35

8 10개씩 묶음의 수가 같으므로 낱개의 수를 비교하면 48은 42보다 큽니다.

9 왼쪽 모형은 13이고, 오른쪽 모형은 20이므로 10개씩 묶음의 수를 비교합니다.
→ ┌ 20은 13보다 큽니다.
  └ 13은 20보다 작습니다.

10 (1) 10개씩 묶음의 수가 35는 3개, 46은 4개, 24는 2개이므로 35보다 더 큰 수는 46입니다.
(2) 10개씩 묶음의 수가 26은 2개, 19는 I개, 31은 3개이므로 26보다 더 큰 수는 31입니다.

11

수	10개씩 묶음	낱개
19	1	9
14	1	4
17	1	7

10개씩 묶음의 수가 같으므로 낱개의 수를 비교하면 14가 가장 작습니다.

12 10개씩 묶음의 수를 비교하면 40이 38보다 큽니다. 따라서 딱지를 더 많이 모은 사람은 소희입니다.

13 ② 27보다 크고 30보다 작은 수는 28, 29입니다.

> **주의**
> 27보다 크고 30보다 작은 수에 27과 30은 포함되지 않습니다.
> 27, 28, 29, 30
>   └──→ 27보다 크고 30보다 작은 수

42~43쪽 **5** 단원 **서술형 한 번 더 쓰기**

1-1 ❶ 4 ❷ 4 **답** 4개
1-2 **답** 3자루
2-1 ❶ 7, 6 ❷ ㉠ **답** ㉠
2-2 **답** ㉠
3-1 ❶ 큰에 ○표 ❷ 37, 35, 29 ❸ 아버지
답 아버지
3-2 **답** 돼지
4-1 ❶ 2 ❷ 2 **답** 2개
4-2 **답** 3개

1-1 **참고**
더 필요한 개수를 구하려면 전체 개수는 지금 가지고 있는 개수보다 몇만큼 더 큰 수인지 구합니다.

1-2 ❶ 10은 7보다 3만큼 더 큰 수입니다.
❷ 연필이 10자루가 되려면 3자루가 더 필요합니다.

2-2 ❶ 가르기하기:

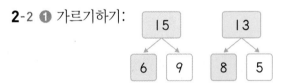

❷ 더 큰 수의 기호: ㉠

3-1 **참고**

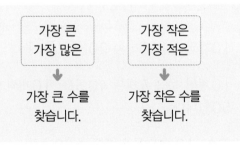

가장 큰 가장 많은	가장 작은 가장 적은
↓	↓
가장 큰 수를 찾습니다.	가장 작은 수를 찾습니다.

3-2 ❶ 가장 많이 있는 동물을 구하려면 가장 큰 수를 찾아야 합니다.
❷ 12, 21, 23을 큰 수부터 차례로 쓰면 23, 21, 12입니다.
❸ 가장 많이 있는 동물: 돼지

4-1 **참고**
블록 10개로 모자 모양 1개를 만들 수 있으므로 주어진 블록은 10개씩 몇 묶음인 수인지 구하면 만들 수 있는 모자 모양은 몇 개인지 구할 수 있습니다.

4-2 ❶ 주어진 구슬은 10개씩 묶음 3개입니다.
❷ 만들 수 있는 팔찌의 수: 3개

단원평가

45~46쪽 **A** 1. 9까지의 수

1 4   **2** 3에 ○표   **3** (○)(   )

4 예   ... , 6   **5** 3, 4, 6

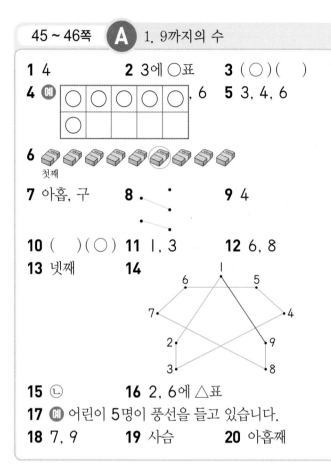

6   첫째

7 아홉, 구   **8**   .   **9** 4

10 (   )(○)   **11** 1, 3   **12** 6, 8

13 넷째   **14**

15 ㉡   **16** 2, 6에 △표

17 예 어린이 5명이 풍선을 들고 있습니다.

18 7, 9   **19** 사슴   **20** 아홉째

3 달걀이 닭보다 많으므로 5는 2보다 큽니다.

4 연필의 수를 세면 하나, 둘, 셋, 넷, 다섯, 여섯이므로 ○를 6개 그리고, 수 6을 써넣습니다.

6 왼쪽에서 차례로 첫째, 둘째, 셋째, 넷째, 다섯째, 여섯째, 일곱째, 여덟째, 아홉째입니다.

8 도넛의 수는 3, 야구공의 수는 8입니다.

10 4보다 1만큼 더 큰 수 ➡ 5

11 2보다 1만큼 더 작은 수는 1, 2보다 1만큼 더 큰 수는 3입니다.

12 7보다 1만큼 더 작은 수는 6, 7보다 1만큼 더 큰 수는 8입니다.

13 셔츠 치마 바지 모자 신발
   | | | | |
첫째 둘째 셋째 넷째 다섯째

15 ㉠ 꽃은 6송이입니다.

16 8보다 작은 수는 2, 6입니다.

> 주의
> 8보다 작은 수에 8은 포함되지 않습니다.

17 평가 기준
> 그림에 알맞은 수를 넣어 이야기를 만들었으면 정답으로 합니다.

18 8은 7보다 1만큼 더 큰 수입니다. ➡ ㉠=7
8은 9보다 1만큼 더 작은 수입니다. ➡ ㉡=9

19 5보다 9가 크고, 6보다 9가 큽니다.
따라서 가장 많은 동물은 사슴입니다.

20
8명   은혜
(앞) ○○○○○○○○ ○ (뒤)
아홉째

47~48쪽 **B** 1. 9까지의 수

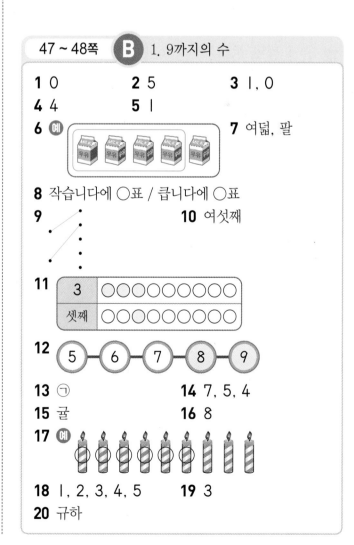

1 0   **2** 5   **3** 1, 0

4 4   **5** 1

6 예   **7** 여덟, 팔

8 작습니다에 ○표 / 큽니다에 ○표

9   .   **10** 여섯째

11 3   ○○○○○○○○○
   셋째   ○○○○○○○○○

12 5 6 7 8 9

13 ㉠   **14** 7, 5, 4

15 귤   **16** 8

17 예

18 1, 2, 3, 4, 5   **19** 3

20 규하

3 아무것도 없는 것을 0이라 씁니다.

4 3 바로 뒤의 수가 1만큼 더 큰 수이므로 4입니다.

5 2 바로 앞의 수가 1만큼 더 작은 수이므로 1입니다.

6 4는 넷이므로 우유를 하나, 둘, 셋, 넷까지 세어 묶습니다.

7 사과의 수: 8 ➡ 여덟, 팔

8 6: ○○○○○○
8: ○○○○○○○○

➡ ┌ 6은 8보다 작습니다.
└ 8은 6보다 큽니다.

9 〈위에서〉 〈아래에서〉

첫째 → ← 다섯째
둘째 → ← 넷째
셋째 → ← 셋째
넷째 → ← 둘째
다섯째 → ← 첫째

11 3은 왼쪽부터 3개를 색칠하고, 셋째는 왼쪽부터 셋째에 있는 ○에만 색칠합니다.

12 1, 2, 3, 4, 5, 6, 7, 8, 9
　　　　　　　　　 7보다 큰 수

주의

7보다 큰 수에는 7이 포함되지 않습니다.

13 ㉡ 1-2-3-4-5-6-7

15 7보다 4가 작으므로 수가 더 적은 과일은 귤입니다.

16 큰 순서대로 수를 차례로 쓰면 8, 7, 5, 2입니다. 따라서 가장 큰 수는 8입니다.

17 여섯은 6이므로 초 6개에 ○표 합니다.

18 수 카드의 수가 작은 수부터 차례로 쓰면 1, 2, 3, 4, 5입니다.

19 〈왼쪽〉

| 5 | 8 | 1 | 2 | 4 | 6 | 3 | 7 | ➡ 3 |

일곱째

20 4보다 1만큼 더 큰 수는 5이므로 서주가 가지고 있는 사탕은 5개입니다. 따라서 6이 5보다 크므로 사탕을 더 많이 가지고 있는 사람은 규하입니다.

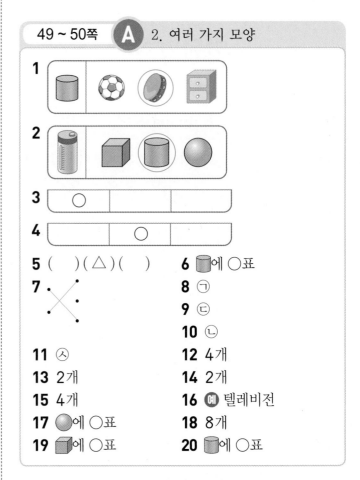

49~50쪽 A 2. 여러 가지 모양

5 ( )(△)( )　　**6** ⬤에 ○표

7 (선 연결)　　**8** ㉠

9 ㉢

10 ㉡

11 ㉾　　**12** 4개

13 2개　　**14** 2개

15 4개　　**16** 예 텔레비전

17 ⬤에 ○표　　**18** 8개

19 상자 모양에 ○표　　**20** 원기둥 모양에 ○표

1 축구공은 ⬤ 모양, 탬버린은 ⬤ 모양, 서랍장은 ⬜ 모양이므로 탬버린에 ○표 합니다.

2 물통은 ⬤ 모양입니다.

3 구슬은 ⬤ 모양, 전자레인지는 ⬜ 모양, 풀은 ⬤ 모양입니다.

4 백과사전은 ⬜ 모양, 통조림 캔은 ⬤ 모양, 테니스공은 ⬤ 모양입니다.

5 농구공과 야구공은 ⬤ 모양이고, 북은 ⬤ 모양입니다.

6 ⬤ 모양 5개를 사용하여 만든 것입니다.

7 음료수 캔은 ⬤ 모양이고 상자는 ⬜ 모양입니다.

8 ⬜ 모양은 뾰족한 부분이 있습니다.

9 ⬤ 모양은 둥근 부분만 있어서 어느 쪽으로도 잘 쌓을 수 없습니다.

10 ⬛ 모양은 평평한 부분과 둥근 부분이 있어서 눕혀서 굴려야만 잘 굴러갑니다.

11 ㅂ 지우개와 ㅅ 주사위는 같은 모양입니다.

12 ⬛ 모양: ㄴ, ㄷ, ㄹ, ㅇ ➡ 4개

13 ⚪ 모양: ㄱ, ㅁ ➡ 2개

16 ⬛ 모양 ➡ 텔레비전, 냉장고, 주사위 등

17 ⬛ 모양, ⬛ 모양은 사용하였지만 ⚪ 모양은 사용하지 않았습니다.

18 ⬛ 모양: 7개, ⬛ 모양: 1개
➡ 7보다 1만큼 더 큰 수는 8이므로 모두 8개 사용했습니다.

19 · 평평한 부분이 있는 모양: ⬛, ⬛
· 어느 쪽으로도 잘 굴러가지 않는 모양: ⬛

20 ⬛, ⬛, ⬛ 모양이 차례로 반복되므로 □ 안에 알맞은 모양은 ⬛입니다.

3 둥근 부분만 있는 모양은 ⚪ 모양입니다.

참고
(1) 뽀족한 부분과 평평한 부분이 모두 있습니다.
➡ ⬛ 모양
(2) 둥근 부분과 평평한 부분이 모두 있습니다. ➡ ⬛ 모양
(3) 둥근 부분만 있습니다. ➡ ⚪ 모양

7 구급 상자, 서랍장: ⬛모양 / 축구공, 야구공: ⚪모양

8 ⬛ 모양은 눕혀서 굴려야만 잘 굴러갑니다.

13 둥근 부분만 만져졌으므로 ⚪ 모양의 물건입니다.

15 가방, 껌, 국어사전: ⬛모양 / 북: ⬛모양

16 ⬛ 모양: 2개, ⬛ 모양: 3개, ⚪ 모양: 1개

18 ⬛ 모양: 2개, ⬛ 모양: 4개, ⚪ 모양: 3개

19 주리는 ⬛, ⬛ 모양을 사용하여 만들었고 규희는 ⬛, ⬛, ⚪ 모양을 사용하여 만들었습니다.

20 ⬛ 모양을 주리는 3개, 규희는 2개 사용했습니다. 3은 2보다 1만큼 더 큰 수이므로 주리는 규희보다 1개 더 많이 사용했습니다.

51~52쪽 **B** 2. 여러 가지 모양

1 (○)( )( )   **2** ( )(×)( )
3 ⚪에 ○표   **4** ㄱ
5 ㄴ   **6** 4개
7 ╳   **8** ×
9 (□)(○)(△)   **10** (△)(□)(○)
11 ㄴ   **12** ㄷ
13 예 축구공   **14** 2개, 3개, 4개
15 이수   **16** ⬛에 ○표
17 ⬛에 ○표   **18** 4개
19 주리   **20** 1개

1 가방은 ⬛ 모양, 음료수 캔은 ⬛ 모양, 풍선은 ⚪ 모양입니다.

2 털실, 농구공은 ⚪ 모양, 케이크는 ⬛ 모양입니다.

53~54쪽 **A** 3. 덧셈과 뺄셈

1 3   **2** 2
3 9   **4** 4
5 2+3=5에 색칠   **6** 5
7 (○)( )   **8** 4, 6
9 ╳   **10** ㄴ
11 4+5=9 / 9개
12 ① 9 빼기 6은 3과 같습니다.
② 9와 6의 차는 3입니다.
13 2
14 예 모두 6대가 있습니다.
15 예 5−3=2   **16**

4	3
5	1

17 8−2=6 / 6개   **18** 예 2, 7 / 9, 0
19 9개   **20** 2마리

1 도넛 2개와 1개를 모으면 3이 됩니다.

2 풍선 5개 중 3개가 터졌으므로 터지지 않은 풍선은 2개입니다.

6 어떤 수에 0을 더하면 항상 어떤 수입니다.
→ 5+0=5

7 9는 7과 2로 가를 수 있습니다.

8 왼쪽과 오른쪽 칸의 점의 개수를 합하는 덧셈식을 만듭니다.

9 ・꽃병 4개 중에서 2개가 빈 꽃병이므로 꽃이 꽂혀 있는 꽃병은 2개입니다.
→ 4−2=2
・달걀 5개와 병아리 3마리를 비교하면 달걀이 2개 더 많습니다.
→ 5−3=2

10 ㉠ 0+8=8

11 (지우개의 수)+(자의 수)
=4+5=9(개)

13 물 안에 있는 오리 2마리와 물 밖에 있는 오리 2마리를 합하면 4마리입니다.
→ ⎡ 2+2=4
⎣ 2와 2의 합은 4입니다.

15 ・촛불 5개 중에서 3개가 꺼지면 2개가 남습니다.
→ 5−3=2
・촛불 5개 중에서 켜진 촛불이 2개이므로 꺼진 촛불은 3개입니다.
→ 5−2=3

16 모으기하여 8이 되는 두 수
→ (0, 8), (1, 7), (2, 6), (3, 5), (4, 4), (5, 3), (6, 2), (7, 1), (8, 0)

17 (가위의 수)−(풀의 수)
=8−2=6(개)

19 (진우와 경수가 먹은 딸기의 수)=3+2=5(개)
(세 사람이 먹은 딸기의 수)=5+4=9(개)

20 4마리가 날아간 후에 앉아 있는 새:
5−4=1(마리)
→ 한 마리가 더 온 후 지금 앉아 있는 새:
1+1=2(마리)

| 55~56쪽 Ⓑ 3. 덧셈과 뺄셈 |

1 2   **2** 3   **3** 4
4 8   **5** 9   **6** 5
7 9−8=1   **8** ㉡
9 6과 2의 합은 8입니다.   **10** ㉡
11 (○)(   )
12 5+2=7 / 7개
13 ・ ・   **14** 8−7=1 / 1개
15 +
16 −
17 ㉡   **18** 2개
19 예 9−3=6
20 예 양이 울타리 안에 5마리, 울타리 밖에 1마리 있으므로 모두 6마리 있습니다.

1 콩 6개는 콩 4개와 2개로 가를 수 있습니다.

2 축구공 3개와 0개를 합하면 모두 3개입니다.

3 7은 3과 4로 가를 수 있습니다. → 7−3=4

7 9와 8의 차는 1입니다.
9   −8   =1

8 ㉡ 7−0=7

10 ㉠ 9−5=4   ㉡ 8−3=5

11 0+9=9
9가 8보다 크므로 더 큰 것은 0+9입니다.

13 1+8=9, 5−3=2

15 왼쪽의 두 수보다 오른쪽의 수가 더 크므로 □ 안에 알맞은 것은 +입니다.

16 가장 왼쪽의 수보다 결과가 작으므로 □ 안에 알맞은 것은 −입니다.

17 ㉠=3, ㉡=6
→ 3과 6 중 더 큰 수는 6이므로 ㉡입니다.

18 ● 모양: 4개, ▨ 모양: 2개 → 4−2=2(개)

19 뺄셈식은 2가지를 만들 수 있습니다.
→ 9−3=6, 9−6=3

20 평가 기준
그림에 맞는 덧셈 또는 뺄셈 이야기를 만들었으면 정답으로 합니다.

1 ( )
(○)

2 ( )(○)

3 가볍다

4 ( )(△)

5 가로등

6 무겁습니다에 ○표

7 깁니다

8 (그림)

9 (○)( )

10 ③

11 ( )
(○)

12 ( )( )(△)

13 스케치북

14 (○)
( )
( )

15 예

16 필통에 ○표

17 (1)(3)(2)

18 (1) 큽니다에 ○표 (2) 짧습니다에 ○표

19 윤수

20 햄스터

1 왼쪽 끝이 맞추어져 있으므로 오른쪽이 남는 것이 더 깁니다.

2 발끝이 맞추어져 있으므로 위쪽이 남는 사람의 키가 더 큽니다.

3 양손에 한 개씩 들어 보면 빗이 북보다 더 가볍습니다.

4 크기가 더 작은 것은 컵입니다.

5 아래쪽이 맞추어져 있으므로 위쪽이 남는 가로등이 더 높습니다.

6 시소는 무거운 쪽이 내려가므로 지호는 예나보다 더 무겁습니다.

7 길이를 비교할 때에는 '더 길다', '더 짧다'로 나타냅니다.

8 겹쳐 보았을 때 남는 것이 더 넓습니다.

9 물의 높이가 같으므로 그릇의 크기가 큰 것에 물이 더 많이 들어 있습니다.

10 넓이를 비교할 때에는 '더 넓다', '더 좁다'로 나타냅니다.

11 한쪽 끝을 똑같이 맞추고 다른 쪽 끝을 비교했을 때 모자라는 것이 더 짧습니다.

12 아래쪽이 맞추어져 있으므로 위쪽을 비교하면 맨 오른쪽 건물이 가장 낮습니다.

13 넓은 것부터 차례로 쓰면 스케치북, 공책, 수첩입니다.

14 왼쪽 끝을 맞추었다고 생각할 때 오른쪽이 가장 많이 남는 것을 찾습니다.

16 지우개는 필통보다 더 가볍습니다.

17 그릇의 모양과 크기가 모두 같습니다. 따라서 물의 높이가 낮을수록 물이 적게 담겨 있고, 높을수록 물이 많이 담겨 있습니다.

19 영은이는 지효보다 키가 더 크고, 윤수는 영은이보다 키가 더 크므로 윤수의 키가 가장 큽니다.

20 가벼운 동물부터 차례로 쓰면 햄스터, 토끼, 돼지입니다.
따라서 가장 가벼운 동물은 햄스터입니다.

1 (△)
( )

2 (○)( )

3 적다

4 나

5 (그림)

6 지우개

7 ②, ③

8 ( )(○)

9 가, 나

10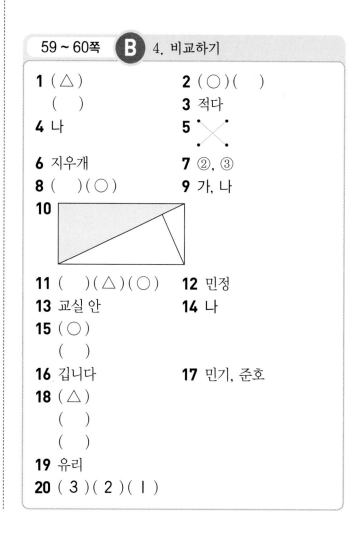

11 ( )(△)(○)

12 민정

13 교실 안

14 나

15 (○)
( )

16 깁니다

17 민기, 준호

18 (△)
( )
( )

19 유리

20 (3)(2)(1)

2 직접 들어 보았을 때 힘이 더 많이 드는 쪽이 더 무겁습니다.

3 작은 병이 담을 수 있는 양이 더 적습니다.

4 아래쪽이 맞추어져 있으므로 위쪽이 모자라는 쪽이 더 낮습니다.

6 저울이 위로 올라간 것이 더 가볍습니다.

7 길이를 비교할 때에는 '더 길다', '더 짧다'로 나타냅니다.

8 강아지가 많이 앉아 있는 방석이 더 넓습니다.

9 겹쳐 보았을 때 남는 쪽은 나이고, 모자라는 쪽은 가이므로 가는 나보다 더 좁습니다.

11 양동이가 가장 많이 담을 수 있고, 컵이 가장 적게 담을 수 있습니다.

12 아래쪽이 맞추어져 있으므로 위쪽을 비교하면 민정이가 키가 가장 큽니다.

13 교실 안이 자동차 안보다 더 넓습니다.

14 왼쪽 그림보다 주스의 높이가 더 낮은 것은 나이므로 주스가 더 적게 들어 있는 것은 나입니다.

15 나뭇잎의 오른쪽이 남는 것 같으나 시작점을 맞추지 않았습니다.

16 위쪽 끝이 맞추어져 있으므로 아래쪽 끝을 비교합니다.
따라서 왼쪽 빨대의 길이가 오른쪽 빨대의 길이보다 더 깁니다.

17 시소가 내려간 쪽이 더 무거우므로 왼쪽에 민기를 쓰고 시소가 올라간 쪽이 더 가벼우므로 오른쪽에 준호를 씁니다.

18 양쪽 끝이 맞추어져 있으므로 덜 구부러져 있을수록 길이가 더 짧습니다.

19 키가 작은 어린이부터 차례로 쓰면 유리, 정우, 현아이므로 키가 가장 작은 어린이는 유리입니다.

20 가운데 그릇과 맨 오른쪽 그릇은 물의 높이가 같으므로 그릇의 크기가 큰 맨 오른쪽 그릇의 물의 양이 더 많습니다.
맨 왼쪽 그릇은 물의 높이가 가운데 그릇과 맨 오른쪽 그릇보다 낮으므로 물이 가장 적게 담긴 것입니다.

61~62쪽 Ⓐ	5. 50까지의 수

1 10   **2** 12   **3** 1, 4, 14

4 4, 40   **5** 24

6 ○○○○○○○○ ○ ○

7 4, 6   **8** 십구, 열아홉

9 25, 27   **10** 37, 40

11

31		33		35
36		○		40

12 25, 22   **13** 24, 26

14 29에 △표   **15** 37개

16 6, 8에 색칠   **17** 3개

18 43   **19** 20, 21, 22

20 영재

3 10개씩 묶음 1개와 낱개 4개는 14입니다.

4 10개씩 묶음 4개는 40입니다.

5 10개씩 묶음 2개와 낱개 4개는 24입니다.

6 그려진 ○는 5개입니다. 10은 5보다 5만큼 더 큰 수이므로 ○를 5개 더 그려야 합니다.

8 19는 십구 또는 열아홉이라고 읽습니다.

주의
수를 읽을 때 두 가지를 섞어서 읽지 않도록 주의합니다.
⑩ 19 ➡ 십아홉(×), 열구(×)

9 작은 수부터 순서대로 쓸 때 오른쪽으로 갈수록 1씩 커집니다.

10 38보다 1만큼 더 작은 수는 37이고, 39와 41 사이의 수는 40입니다.

11 수의 순서대로 사물함에 수를 써넣으면 다음과 같습니다.

31	32	33	34	35
36	37	38	39	40

13 25보다 1만큼 더 작은 수는 24이고, 1만큼 더 큰 수는 26입니다.

14 10개씩 묶음의 수가 작은 쪽이 더 작습니다. 34는 10개씩 묶음의 수가 3이고, 29는 10개씩 묶음의 수가 2이므로 29가 34보다 작습니다.

15 10개씩 묶음 3개와 낱개 7개 ➡ 37

16 (4, 6) ➡ 10, (4, 8) ➡ 12, (4, 9) ➡ 13, (6, 8) ➡ 14, (6, 9) ➡ 15, (8, 9) ➡ 17

17 10은 7보다 3만큼 더 큰 수이므로 굴을 3개 더 넣어야 합니다.

18 10개씩 묶음의 수가 가장 큰 쪽이 가장 큰 수이므로 43이 가장 큰 수입니다.

19 19보다 크고 23보다 작은 수는 20, 21, 22입니다.

20 10개씩 묶음의 수가 같으므로 낱개의 수를 비교합니다. 31은 낱개의 수가 1이고, 36은 낱개의 수가 6이므로 36은 31보다 큽니다.

---

63 ~ 64쪽	**B**	5. 50까지의 수
1 8, 5	**2** 2	**3** 3, 30
4 26	**5** 48	**6** ✕
7 12	**8** 3 / 1, 9	**9** 30, 31
10 ⬡ / 4		
11 47	**12** 41에 ○표	
13 13, 15		
14 예 10개씩 묶음 3개는 30입니다.		
15 50송이	**16** 예 9, 8	
17 ㉠	**18** 25, 28, 36, 45	
19 43	**20** 28, 29	

2 수직선 8에서 2칸 더 가면 10이므로 10은 8보다 2만큼 더 큰 수입니다.

4 스물여섯
   2 6

5 10개씩 묶음 4개와 낱개 8개 ➡ 48

---

6 15 ➡ 읽기: 십오, 열다섯
   18 ➡ 읽기: 십팔, 열여덟

7 십몇을 11부터 순서대로 쓰면 11, 12, 13이므로 두 수 사이에 들어갈 수는 12입니다.

8 38 ➡ 10개씩 묶음의 수는 3이고, 낱개의 수는 8입니다.
   19 ➡ 10개씩 묶음의 수는 1이고, 낱개의 수는 9입니다.

9 28부터 수를 순서대로 쓰면 28, 29, 30, 31, 32입니다.

10 더 그린 ○는 4개입니다.

11 43－44－45－46－47－48이므로 ㉠=47입니다.

12 41은 10개씩 묶음의 수가 4, 27은 10개씩 묶음의 수가 2이므로 41은 27보다 큽니다.

> **주의**
> 두 수의 크기 비교
> • 10개씩 묶음의 수가 다르면 10개씩 묶음의 수를 비교합니다.
> • 10개씩 묶음의 수가 같으면 낱개의 수를 비교합니다.

13 14보다 1만큼 더 작은 수는 13이고, 14보다 1만큼 더 큰 수는 15입니다.

15 10개씩 묶음 5개는 50입니다.

16 (10, 7), (11, 6) 등 여러 가지가 있습니다.

17 ㉠ 마흔다섯: 45
   ㉡ 39보다 1만큼 더 큰 수: 40
   ➡ 45와 40은 10개씩 묶음의 수가 4로 같고, 45는 낱개의 수가 5, 40은 낱개의 수가 0이므로 45가 40보다 더 큽니다.

19 10개씩 묶음의 수를 가장 큰 수로 만듭니다. ➡ 4
   낱개의 수를 그 다음 큰 수로 만듭니다. ➡ 3

20 10개씩 묶음 2개와 낱개 7개인 수: 27
   따라서 27보다 크고 30보다 작은 수는 28, 29입니다.

수학 성취도 평가

66~68쪽 **총정리** 1단원~5단원

1 6   **2** 5
3 ( )(○)( )   **4** ( )
                                  (○)
5 (1) 9 (2) 0   **6** 2, 5
7
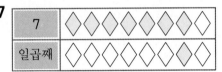

8 넓습니다에 ○표   **9** ○
10 예 7−2=5 / 예 7 빼기 2는 5와 같습니다.
11 ✕   **12** ( )(○)
                                13 7, 6, 4
14 (○)( )( )
15 16, 18   **16** 유리
17
(1) (2) (3) (4)
(5) (6) (7) (8) (9)
18 8명   **19** ●에 ○표
20 3+5=8 / 5+3=8
21 ㉢   **22** 38번
23 2, 1, 3   **24** (위에서부터) 7, 6
25 (1) 26   (2) 27, 28, 29, 30

---

4 왼쪽 끝이 맞추어져 있으므로 오른쪽 끝이 남는 색연필이 더 깁니다.

5 (1) (어떤 수)+0=(어떤 수)
   (2) (어떤 수)−(어떤 수)=0

6 어항에 물고기 3마리가 있는데 2마리를 더 넣으면 모두 5마리가 됩니다.

7 7은 개수를 나타내므로 왼쪽에서부터 7개를 색칠하고 일곱째는 순서를 나타내므로 왼쪽에서부터 일곱째에 있는 ◇ 1개에만 색칠합니다.

8 겹쳤을 때 500원짜리 동전이 남으므로 500원짜리 동전이 10원짜리 동전보다 더 넓습니다.

9 ▦ 모양은 평평한 부분만 있고 둥근 부분이 없어서 잘 굴러가지 않습니다.

11 25(이십오, 스물다섯), 39(삼십구, 서른아홉)

12 9와 5를 모으면 14, 4와 8을 모으면 12입니다.

13 1부터 9까지의 수를 거꾸로 써 보면
   9−8−7−6−5−4−3−2−1입니다.

14 가장 무거운 것은 컴퓨터 모니터입니다.

15 16−17−18이므로 17보다 1만큼 더 작은 수는 16, 17보다 1만큼 더 큰 수는 18입니다.

16 10개씩 묶음의 수가 더 큰 42가 더 큰 수입니다.

17 6보다 작은 수는 1, 2, 3, 4, 5입니다.

18 (놀이터에 있는 어린이 수)
   =(처음에 있던 어린이 수)+(더 온 어린이 수)
   =5+3=8(명)

19 ●, ▦, ▩ 모양이 순서대로 반복되므로 ▩ 모양 다음에는 ● 모양이 옵니다.

20 덧셈식은 3+5=8 또는 5+3=8로 만들 수 있습니다.

21 눕히면 잘 굴러가고 세우면 쌓을 수 있는 모양은 둥근 부분도 있고 평평한 부분도 있는 ▩ 모양입니다.

22 37−38−39이므로 37번과 39번 사이에 꽂아야 하는 동화책은 38번입니다.

23 물 높이가 모두 같으므로 그릇이 가장 큰 가운데 그릇에 가장 많이 들어 있고, 그릇이 가장 작은 오른쪽 그릇에 가장 적게 들어 있습니다.

24 맨 위의 수가 가운데 수보다 1만큼 더 큰 수이므로 가운데 수는 맨 위의 수보다 1만큼 더 작은 수인 7입니다. 맨 아래의 수는 가운데 수보다 1만큼 더 작은 수이므로 맨 아래의 수는 7보다 1만큼 더 작은 수인 6입니다.

25 (1) 10개씩 묶음 2개와 낱개 6개인 수는 26입니다.
   (2) 20부터 30까지의 수 중에서 26보다 큰 수는 27, 28, 29, 30입니다.

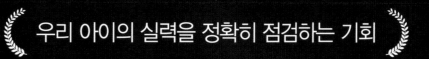
40년의 역사
전국 초·중학생 213만 명의 선택

HME 학력평가
해법수학 · 해법국어

응시 학년

수학 | 초등 1학년 ~ 중학 3학년
국어 | 초등 1학년 ~ 초등 6학년

응시 횟수

수학 | 연 2회 (6월 / 11월)
국어 | 연 1회 (11월)

주최 **천재교육** | 주관 **한국학력평가 인증연구소** | 후원 **서울교육대학교**

*응시 날짜는 변동될 수 있으며, 더 자세한 내용은 HME 홈페이지에서 확인 바랍니다.

정답은
이안에
있어!